반려견 용어의 이해

고승판 · 김원

박영사

국내 반려동물을 양육하는 인구는 약 1,000만 명으로 전체 가구 중 25.1%를 차지하고 있으며, 국내 반려동물 관련 시장은 2020년 5조 8,000억 원으로 지속적으로 확대되고 있다. 이러한 비약적인 양적 성장으로 반려견에 대한 인식이 높아지고, 시장이 확대되면서 반려견 분야에서 활동하고자 하는 관련 인력들 또한 비약적인 증가를 보이고 있다.

위와 같은 사회적 현상과 발맞추어 다양한 반려견 관련 서적이 출간되고 있으나 대부분의 서적이 일반인을 위한 교양서적으로, 전문적으로 활동하고자 하는 사람들의 욕구를 충족할 수 있는 내용을 충분히 담고 있지 못해 부족한 지식을 채울 수 있는 갈증을 해결하지 못하고 있다.

반려견 관련 산업분야에서 활동하기 위해 가장 선행되고 기본이 되어야 하는 중요한 것은 무엇보다 '개에 대한 이해'이다. 즉, 어떠한 개가 좋은 개인지, 그 이유는 무엇인지, 그리고 개선할 수 있는 단점들을 위해서는 어떠한 노력을 기울여야 하는지 등의 기준을 정할 수 있는 눈을 가지는 것이 중요하다. 세계 주요 반려견 단체에서는 이러한 기준이 되는 지침이 마련되어 있다. 그 기준이 견종표준이며 견종표준은 각 견종이 가져야 하는 이상적인 기준을 제시하고 있다. 그러나 견종표준은 반려견을 오랜 기간 사육한 경험이 있는 전문가나 반려견을 평가하는 분들을 위한 것으로 일반인들이 이해하기에는 많은 어려움이 있다. 왜냐하면 견종표준은 전문가들이 쉽게 공부할 수 있도록 매우 축약하여 요약된 글로 기술되어 있어 견종표준을 이해하기 위해서는 많은 지식이 선행되어야 하기 때문이다.

선행 지식으로는 모든 개에 공통적인 견체학이 있으며, 견체학에 대한 깊은 이해가 있으면 견종표준을 공부하는 데 매우 도움이 된다. 그러나 아쉽게도 견체학은 수많은 반려견 관련 용어를 사용하여 설명하고 있기 때문에 반려견 관련 용어를 깊이 이해하지 않고서는 공부하는 데 한계에 부딪칠 수 밖에 없다.

우리나라의 반려견 역사는 매우 짧아서 초기 반려견에 종사하시는 분들은 일본의 영향을 많이 받아 일본식 용어를 사용하고, 최근에는 미국의 영향을 받아 미국식 용어를 많이 사용하고 있는 것이 현실이다.

반려견 분야에서 사용되고 있는 전문 용어는 개인의 지식과 경험 등의 차이로 인하여 다양하게 해석되고 설명되면서 새로운 입문자들에게 전달되고 교육되고 있다. 이러한 이해의 차이는 똑같은 반려견에 대해 다양한 해석과 오해를 만들게 되면서 의사소통을 방해하고 갈등을 유발하기도 한다.

따라서 본서에서는 이러한 반려견 공부의 시작에 가장 기초가 되고 초석이 되는 용어에 대한 이해를 증진시킴으로써 향후 반려견에 대한 지식을 쌓는데 중요한 밑거름이 되고자 하였다.

이에 본서에서는 새로운 입문자들에게 조금이라도 도움을 드리고 기존 반려견 전문가들에게도 정확한 용어를 이해할 수 있도록 저자들의 경험을 바탕으로 기술하고자 노력하였다. 반려견 분야에서 사용되고 있는 다양한 전문 용어를 정리함에 있어 다음의 기본적인 원칙을 가지고 기술하였다.

첫 번째, 반려견에 대한 내용은 외국에서 시작되어 도입된 것으로 한글 표현에 없는 것이 많아서 영어식 표현을 그대로 사용하고 국내에서 사용되고 있는 국문 용어를 표기하였다. 영어 표현은 사람마다 다양하게 발음되고 불리기 때문에 본서에서는 「한국어문규정집」의 외래어 표기법을 기초로 하여 표기하도록 하였다.

두 번째, 일반적으로 전문용어에 대한 설명은 가장 이상적인 상황을 설명하기 위하여 삽화를 넣어 설명하는 경우가 많으나, 삽화는 공부에는 도움이 되지만 실질적으로 반려견을 직접 보았을 때 적용하기가 매우 어려운 것도 사실이다. 따라서 본서에서는 가능한 많은 실제 반려견 사진을 사용함으로써 학습자에게 도움을 드리고자 하였다.

좋은 책을 만들기 위해 집필에 최선을 다하였으나 용어에 적합한 사진을 준비하는 데 일정 부분 한계가 있었음을 밝힌다. 아무쪼록 반려견 분야에 종사하시는 모든 분들이 반려견을 이해하는 기본개념을 익히는 데 도움이 되길 바란다.

2020년 3월
저자 일동

차례

차례

차례

ㅅ

ㅇ

차례

차례

차례

반려견
용어의
이해

개의 특정 부분을 일컫는 명칭은 동일하나 견종에 따라 골격구조, 형태, 위치, 색상, 길이 등이 다르기 때문에 해당 견종에서 요구하는 정확한 의미는 견종표준이 기준이 되어야 한다. 그러나 견종표준의 이해도에 따라 개를 평가하는 방법에서 차이가 발생하게 되어 상호 오해와 의사소통에 어려움이 발생할 수 있다. 그러므로 견종표준에 대한 깊은 지식을 바탕으로 정확한 이해가 반드시 선행되어야 한다.

 견체 외부 명칭(犬體 外部 名稱), 타퍼그래피컬 아나토미 Topographical Anatomy

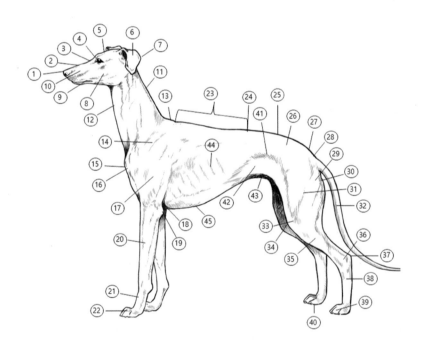

그림 1. 견체 외부 명칭(명칭 미표기)

1 코: 노우즈 Nose

2 비량: 鼻梁, 네이절 브리지 Nasal Bridge, 콧마루, 콧등
코가 끝나는 지점에서 액단까지를 말한다.

3 액단 : 스탑 Stop

4 눈: 아이스 Eyes

5 두개부: 스컬 Skull

6 귀: 이어스 Ears

7 후두부: 악서펏 Occiput

8 뺨: 칙 Cheek

9 입술: 립스 Lips

10 주둥이: 머즐 Muzzle

11 목: 넥 Neck
포유동물은 경추(목뼈)가 7개로 구성

12 인후: 스로트 Throat

13 견갑: 위더스 Withers

14 어깨: 숄더르 Shoulder

15 흉골단: 포인트 어브 프로스터르넘 Point of Prosternum
흉골은 8개로 구성되어 있으며 흉골 1번을 흉골병이라고 부르는데 그 흉골병의 가장 앞부분을 흉골단이라고 한다. 이 흉골단은 체장을 측정하는 기준점이 된다.

16 견단: 포인트 어브 숄더르 Point of Shoulder
견갑골은 약 45°로 기울어져있어 아랫부분이 앞쪽으로 나오게 되며 앞으로 나온 끝부분을 말한다. 이 끝부분은 다시 상완골과 연결된다.

17 상완부: 어퍼암 Upperarm

18 겨드랑이: 아름핏 Armpit
상완부과 전완부가 만나는 팔꿈치 안쪽

19 팔꿈치: 엘보 Elbow
상완부과 전완부의 연결 관절로 전완부는 요골과 척골로 되어 있는데 척골의 위쪽 끝부분을 말한다. 지장(다리의 총 길이)의 가장 중요한 부분이다.

20 전완부: 포라름 Forearm

21 **앞 발목:** 프런트 패스터른 Front Pastern
일반적으로 20°~25°의 각을 가지고 있다.

22 **앞발가락:** 프런트 토스 Front Toes
앞발가락의 며느리 발톱은 모든 견종에 관계없이 모두 존재한다.

23 **등:** 백 Back
일반적으로 견갑에서 흉추 13번(마지막 늑골, 부유 늑골)까지의 위쪽 영역

24 **허리:** 로인 Loin
목뼈와 동일하게 요추(허리뼈) 7개로 구성

25 **천추:** 펠빅 거르들 Pelvic Girdle, 십자부 Intersectional Part of Sacrum
천추는 3개의 뼈로 구성되어 있으며 천추가 끝나는 지점에서 꼬리와 연결된다. 천추는 관골과 단단히 연결되어 있어서 그 모양이 십자 모양이라 **십자부**라고 한다. 대부분의 전문인들은 십자부라는 용어에 익숙해 있다. 요추와 천추가 연결되어 있는 것을 **커플링** Coupling이라고 한다.

26 **관골부:** 펠비스 Pelvis
뒷다리에서 가장 중요한 부분으로 요추, 천추, 미추와 연결되어 있다. 관골은 약 25°~ 30° 각도로 기울어져 있다.

27 **엉덩이:** 럼프스 Rumps 또는 크룹스 Croups

28 **셋온:** 셋-온 어브 테일 Set-on of Tail, 요각
천추의 뒷부분으로 꼬리가 시작되는 부분

29 **좌골단:** 포인트 어브 버덕스 Point of Buttocks
관골의 끝부분

30 **궁둥이:** 버턱스 Buttocks
항문 바로 밑에서부터 좌골단까지를 말한다.

31 **대퇴부:** 어퍼 사이 Upper Thigh

32 **꼬리:** 테일 Tail

33 **무릎관절:** 스타이플 Stifle
대퇴와 하퇴를 연결하는 관절이며 그 연결 관절 앞에는 슬개골이 있다.

34 **무릎:** 니 Knee, 슬(膝)
대퇴부와 하퇴부가 만나는 부분

35 **하퇴부:** 로워르 사이 Lower Thigh

36 **비절:** 학 조인트 Hock Joint
하퇴부와 발목을 연결하는 관절

37 **뒷 발꿈치:** 포인트 어브 학 Point of Hock

38 **뒷 발목:** 리어르 패스터른 Rear Pastern
뒷 발목의 각도는 모든 개가 90°이다.

39 **뒷 발가락:** 리어르 토스 Rear Toes

40 **패드:** 패드 Pad
볼록살이라고도 부른다.

41 **옆구리:** 프랭크 Flank
허리 바로 밑을 **상복부**라고 하고 아래 배쪽을 **하복부**라고 하는데 옆구리는 상복부와 하복
부 사이의 가운데 뒷부분 삼각형 모양을 말한다.

42 **복부:** 앱더먼 Abdomen

43 **턱 업:** 턱 업 Tuck Up
하복부가 말려서 올라간 부분

44 **흉곽:** 립 케이지 Rib Cage 또는 체스트 Chest
흉추와 연결된 좌우 늑골 13개가 둘러싸고 있는(총 26개) 원통 모양의 부분을 말한다.

45 **가슴:** 브리스킷 Brisket

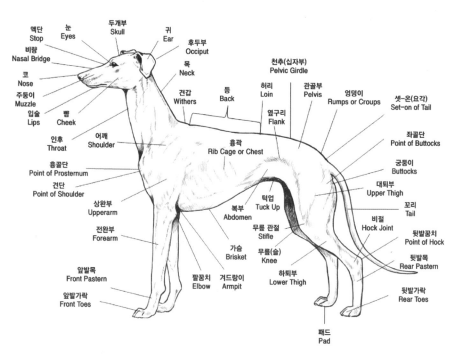

그림 2. **견체 명칭(명칭 표기)**

골격 명칭(骨格 名稱), 스케리틀 아나토미 Skeletal Anatomy

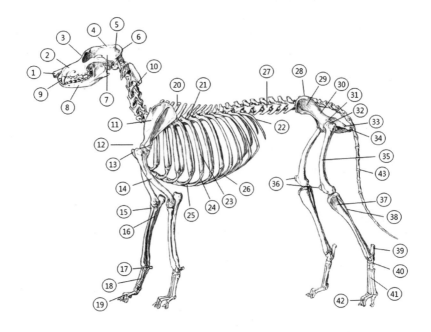

그림 3. **골격 명칭(명칭 미표기)**

1 **비골(코뼈):** 네이절 본 Nasal Bone

2 **상악골(위턱뼈):** 맥실러 Maxilla, 맥설레리 본 Maxillary Bone

3 **전두골(이마뼈):** 프런틀 본 Frontal Bone

4 **두정골(마루뼈):** 퍼라이어틀 본 Parietal Bone

5 **후두골(뒤통수뼈):** 액시피털 본 Occipital Bone

6 **후두융기(뒤통수뼈융기):** 액시피털 프로튜버런스 Occipital Protuberance

7 **측두골(관자뼈):** 템퍼럴 본 Temporal Bone

8 **하악골(아래턱뼈):** 맨더블 Mandible, 맨디뷸러르 본 Mandibular Bone

9 **치아:** 덴티션 Dentition, 티스 Teeth
비록 몸 밖으로 나와 있어 뼈라고 보기에는 어려우나 골격에서 매우 주요하다.

10 **경추(목뼈):** 서르비컬 버르터브러 Cervical Vertebrae
포유동물은 7개의 뼈로 구성되어 있다.

11 견갑골(어깨뼈): 스캐펴러 Scapula

12 쇄골(빗장뼈): 클래버클 Clavicle, 칼러르본 Collarbone
직립보행을 하는 인간은 퇴화되지 않아 잘 발달되어 있으나 개는 4족 보행으로 퇴화가 진행되고 있는 중이다. 따라서 쇄골은 있는 개도 있고 없는 개도 있다. 그러나 기능은 중요하지 않다.

13 흉골단: 포인트 어브 프로스터르넘 Point of Prosternum

14 상완골(상완뼈): 휴머러스 Humerus

15 요골(노뼈): 레이디어스 Radius

16 척골(자뼈): 얼너 Ulna
전완골의 뒤쪽에 있는 뼈로 요골의 위쪽 끝부분이 팔꿈치(엘보)가 된다.

17 수근골(앞발목뼈): 카르퍼스 Carpus, 카르펄 본즈 Carpal Bones

18 중수골(앞발허리뼈): 메터카르퍼스 Metacarpus, 메터카르펄 본즈 Metacarpal Bones

19 지골(발가락뼈): 퍼랜지즈 Phalanges

20 극돌기(가시돌기): 스파이너스 프라세스 Spinous Process

21 흉추(등뼈): 서래식 버르터브러 Thoracic Vertebrae
흉추는 13개의 척추뼈로 구성되어 있다.

22 부유늑골: 플로팅 립 Floating Rib
13번째 마지막 늑골을 말한다.

23 늑골(갈비뼈): 립스 Ribs
흉추(등뼈)와 흉골(복장뼈)에 붙어 가슴의 골격을 이루는 활 모양의 긴뼈로 좌우 13쌍 (총 26개)이 있다.

24 늑연골(갈비연골): 카스틀 카르터리지 Costal Cartilage
총 13쌍의 늑골은 등쪽의 뼈부분과 배쪽의 연골부분으로 구성되어 있으며, 이중 연골부분을 늑연골 이라고 부른다. 처음 아홉 쌍만 흉골(복장뼈)과 연결된다. 10~12번째 늑연골은 서로 합쳐져 늑골궁(갈비활, 카스틀 아르치 Costal Arch)을 이루며, 13번째 늑연골은 독립적으로 존재한다.

25 흉골(복장뼈): 스터르넘 Sternum
흉골은 8개의 뼈로 되어 있으며 1번째 흉골은 **흉골병**이라고 한다. 흉골병의 가장 앞부분을 흉골단이라고 한다. 흉골단은 체장을 측정하는 기준이 된다.

26 검상돌기(칼돌기): 지포이드 프라세스 Xiphoid Process
흉골의 마지막 분절을 말한다. 칼 모양 같다고 하여 칼돌기라고도 한다. 사람으로 하면 명치에 해당된다.

27 요추(허리뼈): 럼버르 버르터브러 Lumbar Vertebrae
요추는 7개의 뼈로 되어있다.

28 천추(엉치뼈): 새크럼 Sacrum
좌우 관골과 연결되어 직접적으로 뼈와 연결되어 있지는 않지만 마치 뼈와 연결되어 있는
것처럼 아주 단단하게 연결되어 있다.

29 장골(엉덩뼈): 일리엄 Ilium
요추, 천추, 미추와 연결되어 있다.

30 관골(볼기뼈): 오스 칵서 OS Coxae
뒷다리에 가장 상부에 있는 구조물로 뼈의 각도는 20°~25°로 기울어져 있다.

31 치골(두덩뼈): 퓨비스 Pubis

32 고관절: 힙 조인트 Hip Joint
치골과 대퇴골이 연결되는 부분이다.

33 좌골(궁둥뼈): 이스키엄 Ischium

34 좌골단: 포인트 어브 이스키엄 Point of Ischium
좌골의 끝부분을 말하며 체장을 측정하는 기준이 되는 곳이다.

35 대퇴골(넙다리뼈): 피머르 Femur

36 슬개골(무릎뼈): 퍼텔러 Patella
대퇴와 하퇴가 역으로 꺾이는 것을 방지해주는 역할을 한다.

37 경골(정강뼈): 티비어 Tibia
하퇴의 앞부분 뼈를 말한다.

38 비골(종아리뼈): 피뷸러 Fibula
하퇴의 뒤부분 뼈를 말한다.

39 종골(뒷발꿈치뼈): 캘케이니어스 Calcaneus
족근골 중에서 가장 큰 뼈를 말한다. 꼬리를 측정하는 기준이 된다.

40 족근골(두시발목뼈): 타르서스 Tarsus, 타르설 본즈 Tarsal Bones

41 중족골(뒷발허리뼈): 메터타르서스 Metatarsus, 메터타르슬 본즈 Metatarsal Bones
5개의 뼈로 구성되어 있으며, 1번 중족골이 외부로 나오게 되면 며느리 발톱이 된다. 그
러나 외부로 나와서 보이지 않아도 실제로는 존재한다.

42 지골(발가락뼈): 퍼랜지즈 Phalanges
4개의 뼈로 구성되어 있다. 며느리 발톱은 중족골에 포함된다.

43 미추(꼬리뼈): 코들 버르터브러 Caudal Verterbrae
2~26개 뼈까지 견종에 따라 뼈의 수가 다르다. 모든 개는 뼈의 수가 동일하나 미추만 다르다.

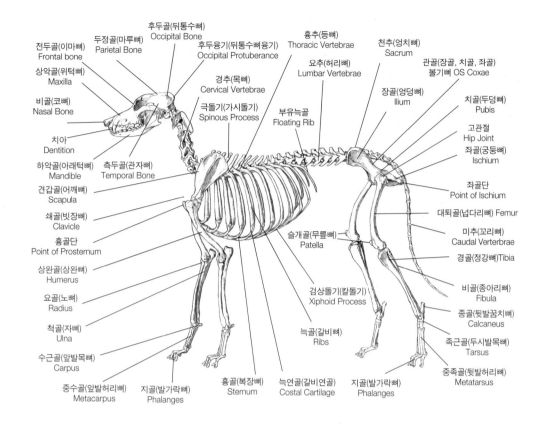

전두골(이마뼈)
Frontal bone

두정골(마루뼈)
Parietal Bone

후두골(뒤통수뼈)
Occipital Bone

후두융기(뒤통수뼈융기)
Occipital Protuberance

흉추(등뼈)
Thoracic Vertebrae

천추(엉치뼈)
Sacrum

관골(장골, 치골, 좌골)
볼기뼈 OS Coxae

상악골(위턱뼈)
Maxilla

요추(허리뼈)
Lumbar Vertebrae

장골(엉덩뼈)
Ilium

치골(두덩뼈)
Pubis

비골(코뼈)
Nasal Bone

경추(목뼈)
Cervical Vertebrae

극돌기(가시돌기)
Spinous Process

부유늑골
Floating Rib

고관절
Hip Joint

치아
Dentition

좌골(궁둥뼈)
Ischium

하악골(아래턱뼈)
Mandible

측두골(관자뼈)
Temporal Bone

좌골단
Point of Ischium

견갑골(어깨뼈)
Scapula

대퇴골(넙다리뼈) Femur

쇄골(빗장뼈)
Clavicle

미추(꼬리뼈)
Caudal Verterbrae

슬개골(무릎뼈)
Patella

경골(정강뼈)Tibia

흉골단
Point of Prosternum

상완골(상완뼈)
Humerus

비골(종아리뼈)
Fibula

검상돌기(칼돌기)
Xiphoid Process

종골(뒷발꿈치뼈)
Calcaneus

요골(노뼈)
Radius

족근골(두시발목뼈)
Tarsus

척골(자뼈)
Ulna

늑골(갈비뼈)
Ribs

수근골(앞발목뼈)
Carpus

중족골(뒷발허리뼈)
Metatarsus

중수골(앞발허리뼈)
Metacarpus

지골(발가락뼈)
Phalanges

흉골(복장뼈)
Sternum

늑연골(갈비연골)
Costal Cartilage

지골(발가락뼈)
Phalanges

그림 4. **골격 명칭(명칭 표기)**

게이트 GAIT

보행 步行. 걸음걸이.

보행은 개가 앞으로 걸어갈 때 사용되는 특별한 방법으로 네 다리가 움직이는 순서를 말한다. 각각의 발이 한 번씩 움직이면 발걸음의 주기가 형성이 되는데 걸음걸이는 이러한 발걸음의 특별한 반복적인 주기이다.

게이트 타입스 GAIT TYPES

보행 유형. 걸음걸이 유형.

개가 움직일 때 나타나는 네 다리의 움직임으로 각각의 보행 형태는 걷는 속도와 반복적인 주기이며 발자국에 의해서 확인할 수 있다. 견종에 따라 고유한 걸음걸이 형태가 있으며 견종표준을 기반으로 개를 평가하는 전람회에서는 **보통 걸음**(평보, 워크 Walk)와 **빠른 걸음** (속보, 트롯 Trot)의 2가지 타입이 활용된다. 그 이유는 보통 걸음과 빠른 걸음은 특수한 일부 견종을 제외하고는 대부분은 동일한 보행 형태를 가지고 있기 때문이다.

게이트 타입스 Gait Types		주기(사이클 Cycle)	참조
갤럽 Gallop	습보	1사이클 4박자 1부유 보행 또는 1사이클 4박자 2부유 보행	그림 5 ~ 6
앰블 Amble	유사 측대보	1사이클 4박자 보행	
워크 Walk	평보	1사이클 4박자 보행	그림 7
트롯 Trot	속보	1사이클 2박자 보행	그림 8
페이스 Pace	측대보	1사이클 2박자 보행	그림 9

습보 襲步.

개의 가장 빠른 걸음걸이.

1사이클 4박자 1부유 보행 또는 1사이클 4박자 2부유 보행.

최고로 가속된 네 박자 리듬의 걸음으로 보폭도 크고 다리 네 개가 지면에서 함께 떨어져 도약(부유 浮遊/浮游)한다. 개는 습보를 통해 최고의 속도를 낼 수 있다. 갤럽은 다시 싱글 서스펜션 갤럽 Single Suspension Gallop과 더블 서스펜션 갤럽 Double Suspension Gallop으로 나눌 수 있다. **싱글 서스펜션 갤럽** Single Suspension Gallop은 가장 일반적인 갤럽 형태로 1사이클 4박자 1부유 흐름을 갖는다. 만약 오른쪽 앞다리 → 왼쪽 앞다리 → 오른쪽 뒷다리 → 왼쪽 뒷다리 순으로 진행된다면 왼쪽 앞다리부터 공중 부유가 시작된다. 그레이하운드 Greyhound는 대단한 점프력에 의해서 2번 공중 부유하는 1사이클 4박자 2부유이기 때문에 **더블 서스펜션 갤럽** Double Suspension Gallop이라고 한다.

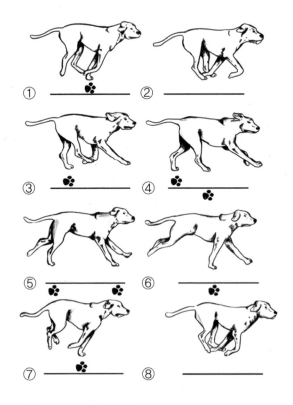

(가) 싱글 서스펜션 갤럽 Single Suspension Gallop

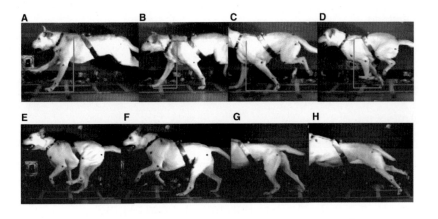

(나) 싱글 서스펜션 갤럽 Single Suspension Gallop (Walter, & Carrier, 2007).

출처 : Walter, R. M., & Carrier, D. R. (2007). Ground Forces Applied by Galloping Dogs. Journal of Experimental Biology, 210, 208~216. doi: 10.1242/jeb.02645

그림 5. 갤럽 Gallop – 싱글 서스펜션 갤럽 Single Suspension Gallop

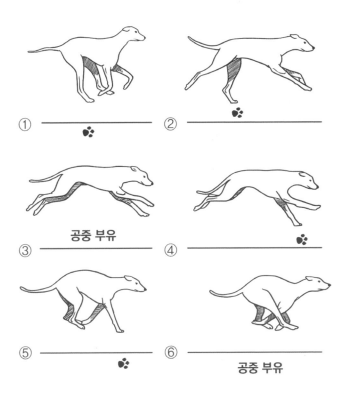

그림 6. 갤럽 Gallop – 더블 서스펜션 갤럽 Double Suspension Gallop

🏠 니팅 Knitting

위빙 Weaving 참조.

🏠 디싱 Dishing

위빙 Weaving 참조.

🏠 레임니스 Lameness

파행 跛行.

어떠한 이유로 걸음걸이의 기능이 불규칙하거나 손상된 걸음걸이.

파행은 2가지 유형(해부학적 파행과 병적 파행)이 있다. 해부학적 파행은 유전이거나 후천적으로 발생하며, 병적 파행은 근골격이나 신경 시스템의 기능 장애에 의해서 발생한다.

🏠 롤링 게이트 Rolling Gate

좌우 요동 搖動 보행.

보행 중 뒤에서 보았을 때 뒷다리가 교대로 오르내리면서 흔들리거나 측대보를 통해 몸통이 옆으로 흔들리는 보행.

> 🐶 **견종예시 :** 피킹이즈 Pekingese

> 🐾 **견종표준**

Pekingese :

"The **rolling gait** results from a combination of the bowed forelegs, well laid back shoulders, full broad chest and narrow light rear, all of which produce adequate reach and moderate drive."

🏠 베이스 와이드 게이트 Base Wide Gait

광답지세 廣踏肢勢 보행.

단선보행(싱글 트래킹 Single Tracking)을 하는 견종의 경우에 걷는 선이 중앙으로부터 많이 떨어져 앞과 뒤의 다리가 움직이는 것. 발을 몸 밖으로 내딛는 보행으로 몸이 좌우로 동요하게 된다. 가슴이 과도하게 넓어 발생하는 경우와는 다르다.

🏠 스틸디드 게이트 Stilted Gait

죽마 竹馬 보행.

관절의 유연성이 부족하여 충분한 보폭을 가지지 못하는 상태. 특히 뒷다리의 각이 부족한 경우로 비절의 각도가 일직선을 이뤄 경직된 보행이 발생한다. 죽마처럼 상하로 어색한 걸음을 걸으며 보폭이 짧다.

🐾 **견종예시** : 차우차우 Chow Chow

🐾 **견종표준**

Chow Chow :

"The rear gait shorter and **stilted** because of the straighter rear assembly."

🏠 애블링 게이트 Ambling Gait

앰블 Amble 참조.

🏠 앰블 Amble

유사 측대보. 1사이클 4박자 보행.

한쪽 앞발과 뒷발이 거의 동시에 움직이는 걸음걸이이다. 모든 견종에서 측대보를 할 수 있다. 핸들링 중 핸들러와 호흡이 맞지 않을 때나 인위적인 가속에 의해 개의 균형이 흐트러질 때 발생한다.

🐾 **견종예시** : 올드 잉글리시 십독 Old English Sheepdog

🐾 **견종표준**

Old English Sheepdog :

"May **amble** or pace at slower speeds."

🏠 앱노르맬러티 어브 게이트 Abnormality of Gait

부정 보행 不正 步行.

일반적으로 정상적인 걸음걸이에서 벗어나서 추진력과 지구력이 떨어지게 되는 보행 형태를 말한다. 대부분 부정보행은 부정자세가 원인이나 일부 견종에서는 부정 보행이 정상적일 수 있다.

🏠 오버 리칭 Over Reaching

과잉 뻗음.

뒷다리에서 시작되는 추진력을 위해 관절의 각도가 지나치게 커서 보행 중 다리가 상호 접촉하게 되는 것을 피하기 위해서 뒷발을 한 쪽 옆으로 뻗게 되는 것을 말한다. 이는 문제가 있는 걸음으로 오버 리칭은 대부분의 견종표준에서 결점으로 고려한다.

🐾 견종표준

German Shepherd Dog :

"The **overreach** of the hindquarter usually necessitates one hind foot passing outside and the other hind foot passing inside the track of the forefeet, and such action is not faulty unless the locomotion is crabwise with the dogs body sideways out of the normal straight line."

🏠 워크 Walk

평보 平步. 보통 걸음. 1사이클 4박자 보행.

기마대의 가장 느린 속도로 행진하는 걸음걸이와 유사한 형태의 걸음걸이로 일반적인 느린 걸음이다. 네 다리를 대각 순서로 한 번에 한 발씩 움직이는 보행방법이다. 예를 들면, 오른쪽 앞발 → 왼쪽 뒷발 → 왼쪽 앞발 → 오른쪽 뒷발로 이러한 순서가 계속해서 반복된다. 가속이 적고 방향을 바꾸는데 자유로우며 중심이 안정되고 에너지 소비가 가장 적은 걸음걸이다.

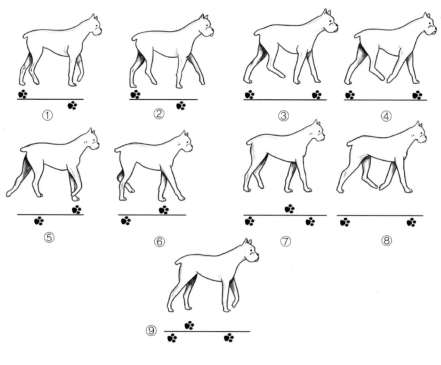

그림 7. 워크 Walk

🏠 위빙 Weaving

사행 蛇行.

앞다리가 가상의 중앙선을 넘어 교차해서 걷는 걸음으로 몸통이 크게 요동하는 보행이다. 일반적으로 가슴이 충분히 넓거나 깊지 못하여 발생하게 된다.

🐕 **견종예시 :** 보스턴 테리어르 Bostorn Terrier, 와이어르 팍스 테리어르 Wire Fox Terrier

🐾 **견종표준**

Boston Terrier :

"Gait Faults - There will be no rolling, paddling, or **weaving,** when gaited."

Wire Fox Terrier :

"the defect - if it exists - becomes more apparent, the forefeet having a tendency to cross, '**weave,**' or 'dish.' "

🏠 윙잉 Winging

전구 날개 보행.

걸을 때에 앞다리의 하나 또는 양쪽 모두 바깥쪽으로 비틀어져서 흔들이는 부정보행으로 전구의 구성이 잘못되었거나 보행시 목줄을 짧게 잡아서 개가 위쪽으로 당겨 올라 갈 때에도 발생할 수 있다.

🏠 캔터 Canter

구보 驅步.

트롯(Trot, 속보)과 갤럽(Gallop, 습보) 사이의 걸음 속도.
지구력을 요하는 장거리 보행을 위한 3박자 보행.

🏠 크로싱 오버르 Crossing Over

교차 보행.

앞다리 또는 뒷다리가 가상의 중앙선을 넘어 교차해서 걷는 걸음으로 몸통이 크게 요동하는 보행이다.

🏠 크로스 오버르 Cross Over

교차 보행.

크로싱 오버르 Crossing Over 참조.

🏠 토우잉-인 Toeing-in

위빙 Weaving 참조.

🏠 트롯 Trot

속보 速步. 빠른 걸음. 1사이클 2박자 보행.

개 본래의 걸음걸이로 대각 방향에 있는 두 발이 동시에 움직이는 걸음걸이이다. 예를 들면, 오른쪽 앞발과 왼쪽 뒷발이 동시에 움직이고 동시에 착지하며 이때 오른쪽 뒷발과 왼쪽 앞발은 공중에 떠있는 상태이다. 그 다음에는 반대로 왼쪽 앞발과 오른쪽 뒷발이 동시에 움직이고 동시에 착지하며 왼쪽 뒷발과 오른쪽 앞발은 공중에 떠있게 된다. 개의 무게 중심이 걸음걸이에 따라 좌대각에서 우대각으로 다시 우대각에서 좌대각으로 교대로 이동한다. 이때의 추진력은 후지, 특히 비절(학 조인트 Hock Joint)에 있다. 후지 각 관절이 수축신장(收縮伸長)에 따라 지면을 박차면 그 강력한 힘이 등에 전달되어 앞으로 나가게 된다.

① 정상적인 빠른 걸음 – 뒷발 발자국이 앞발 발자국과 겹친다(동일한 선상에 있다).
② 짧은 빠른 걸음 – 뒷발 발자국이 앞발 발자국보다 뒤쪽이 있다.
③ 긴 빠른 걸음 – 뒷발 발자국이 앞발 발자국보다 앞쪽에 있다.

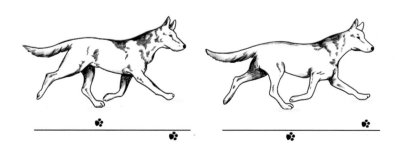

그림 8. **트롯 Trot**

🏠 파운딩 Pounding

강한 전구 디딤.

앞다리가 지면을 너무 강하게 치는 상태를 말하는 것으로 뒷다리에 비해 앞다리의 보폭이 짧을 때 발생한다. 뒷다리가 완전히 이동하여 착지하기 전에 앞다리가 이미 지면을 치는 보행. 이러한 부적절한 타이밍은 운동량이 느려지게 되고 운동파와 중력파가 혼합되어 전구에 전달된다. 전구가 적절한 시점에 지면에 착지하게 되면, 운동파는 전진하도록 도와주며 단지 중력파만 전구로 전달되게 된다.

🏠 패들링 Paddling

노 櫓 질형 보행.

카누의 노(Paddle)를 젓는 모양처럼 팔꿈치와 어깨 관절이 덜 발달되어 걸을 때마다 바깥쪽으로 돌아가는 부정 보행으로 에너지 소비가 심하게 된다.

> 🐾 **견종예시** : 니어팔러턴 매스티프 Neapolitan Mastiff, 보스턴 테리어 Boston Terrier, 스무드 팍스 테리어 Smooth Fox Terrier

> 🐾 **견종표준**

Boston Terrier :

"Gait Faults - There will be no rolling, **paddling**, or weaving, when gaited. Hackney gait."

Neapolitan Mastiff :

"Slight **paddling** movement of the front feet is normal."

Smooth Fox Terrier :

"When, on the contrary, the dog is tied at the shoulder, the tendency of the feet is to move wider apart, with a sort of **paddling** action."

🏠 페이스 Pace

측대보 側對步. 앰블 Amble과 유사. 1사이클 2박자 보행.

한쪽의 앞발과 뒷발이 동시에 지면에 있으면 반대쪽 앞발과 뒷발은 지면에서 떨어진 상태이다. 다음 걸음에는 반대가 되는 것이다. 앰블 Amble과 차이는 페이스는 앞발과 뒷발이 동시에 이루어지나 앰블은 착지 시점에 미세한 차이(뒷발이 앞발보다 일찍 착지)가 있다.

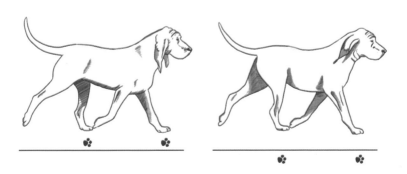

그림 9. **페이스 Pace**

🏠 포크 Poke

내민 보행.

보행 중에 목을 높이 들지 않고 낮게 앞쪽으로 내민 보행 형태.

🏠 플레이팅 Plaiting

크로싱 오버르 Crossing Over 참조.

🏠 해크니 게이트 Hackney Gait

해크니 보행.

빠른 걸음의 일종이며 해크니 종의 말의 걸음걸이에서 유래한 것으로 앞과 뒤의 발목 과 발을 과도하게 높이 들어 올려 걷는 걸음걸이다. 일부 견종에서 요구되는 걸음걸이 나 일반적으로는 에너지의 낭비가 심하게 되어 지구력이 감소하게 된다.

🐕 **견종예시 :** 미니어처르 핀셔르 Miniature Pinscher, 이탈리언 그레이하운드 Italian Greyhound

🐾 **견종표준**

<u>Miniature Pinscher :</u>

"The **hackney-like action** is a high-stepping, reaching, free and easy gait in which the front leg moves straight forward and in front of the body and the foot bends at the wrist."

<u>Italian Greyhound :</u>

"Action: **High stepping** and free, front and hind legs to move forward in a straight line."

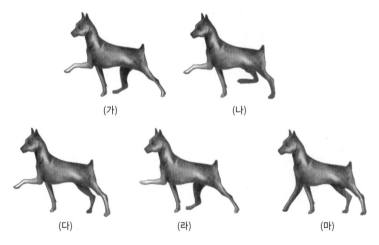

(가)   (나)

(다)   (라)   (마)

그림 10. **해크니 게이트** Hackney Gait : **미니어처르 핀셔르** Miniature Pinscher

(가) 올바른 해크니 보행: 앞발의 들림과 구부러짐이 좋고, 후구의 추진력이 좋음.

(나) 앞다리는 좋으나, 뒷다리의 들림이 나쁨.

(다) 앞다리는 해크니 보행이나 뒷다리의 추진력이 부족함.

(라) 거위 걸음(구스 스텝 Goose Step): 앞다리의 들림과 뒷다리의 추진은 좋으나 발목의 구부러짐이 부족함.

(마) 죽마 형태의 걸음: 발의 들림과 발목의 구부러짐이 부족함.

🏠 해크니 라이크 게이트 Hackney-like Gait

유사 해크니 보행.

머리와 목이 정상보다 낮은 개 또는 머리와 목이 정상보다 높은 개의 경우 해크니 게이트와 유사한 보행을 하나 이것은 부정 보행으로 해크니 라이크 게이트와는 구별되어야 한다.

🏠 해크니 라이크 액션 Hackney-like Action

해크니 라이트 게이트 Hackney-like Gait 참조.

🏠 꼬리털 Tail Feather

스피츠 견에서는 꼬리털을 미모(尾毛)라고 하는데 전체 피모 중 가장 두껍고 길다.

그림 11. **꼬리털 Tail Feather : 얼래스컨 클레이 카이** Alaskan Klee Kai

나스트럴스 NOSTRILS

콧구멍. 비강 鼻腔.

호흡 통로로 막에 의해 좌우로 분리된다. 호흡과 후각을 위해 공기가 흐르면 온도와 습도를 유지하는 기능을 한다. 사냥감의 냄새 분자를 많이 흡수하기 위해 충분히 벌어져 있어야 할 비강이 협소하면 사냥개에 있어서는 중대한 결점이다. 콧구멍에는 많은 혈관이 존재하는데 활동이 증가하여 혈액의 온도가 상승하게 되면 혈액의 온도를 냉각시키기 위해서 콧구멍으로 혈액이 모이게 되고 차가운 외부 공기에 의해서 뜨거워진 혈액을 냉각시켜 몸의 기관으로 다시 순환시키게 된다.

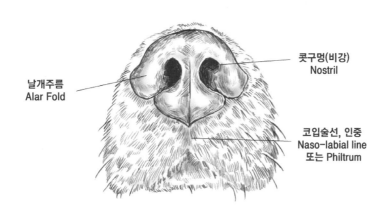

그림 12. 코의 구조(노즈 어내터미 Nose Anatomy)

🏠 타이트 나스트럴스 Tight Nostrils

좁은 콧구멍. 좁은 비강.

콧구멍이 협소한 것. 콧구멍이 협소하면 호흡능력이 제한될 뿐만 아니라 후각능력도 떨어지게 된다. 주둥이가 짧은 견종에게는 치명적일 수 있다. 브리터니 Brittany에서는 불이익을 받게 된다.

🐾 견종표준

Brittany :

"Nose-**Nostrils** well open to permit deep breathing of air and adequate scenting. Tight nostrils should be penalized."

그림 13. 타이트 나스트럴스 Tight Nostrils : 프렌치 불독 French Bulldog

네이절 브리쥐 NASAL BRIDGE

비량 鼻梁. 콧마루. 콧등.
주둥이의 윗부분으로 코가 시작되는 지점에서부터 스탑 Stop까지를 말한다.

네이프 NAPE

목덜미.
두개골의 기저와 목의 연결부분.

넥 NECK

목.

포유동물은 목뼈(경추, 서르비컬 버르터브러 Cervical Vertebra)가 7개의 분절로 되어 있으며 목의 형태는 앞으로 나온 거북이목 형태(팍스 테리어르 Fox Terrier)와 학처럼 긴 목을 높게 들어 아치를 이룬 형태(도베르먼 핀셔르 Doberman Pinscher)가 있다. 개의 목 길이는 체고의 1/3(토이 푸들 Toy Poodle), 체장의 1/3(비숑 프리제 Bichon Frise)과 같이 견종에 따라 목의 길이를 측정하는 방법이 다를 수 있다.

넥 타입스 NECK TYPES

목 유형.

넥 타입스 Neck Types	대표 견종	참조
롱 리치 넥 Long Reach Neck	팍스 테리어르 Fox Terrier	그림 14
불 넥 Bull Neck	불독 Bulldog	그림 15
스로티 넥 Throaty Neck	불매스티프 Bullmastiff	그림 16
크레스티드 넥 Crested Neck	도베르먼 핀셔르 Doberman Pinscher	그림 18
클린 넥 Clean Neck	도베르먼 핀셔르 Doberman Pinscher	그림 19

🏠 **드라이 넥 Dry Neck**

팽팽한 목.

클린 넥 Clean Neck 참조.

🏠 롱 리치 넥 Long Reach Neck

거북이 목. 긴 목.

목이 길어서 마치 거북이처럼 앞으로 나온 것처럼 보이는 목.

🐾 **견종예시** : 애러와크 Azawakh, 팍스 테리어르 Fox Terrier

🐾 **견종표준**

Azawakh :

"Good **reach** of neck which is long"

Wire Fox Terrier :

"presenting a **graceful curve** when viewed from the side."

그림 14. **롱 리치 넥 Long Reach Neck** : 팍스 테리어르 Fox Terrier

🏠 불 넥 Bull Neck

과중한 목. 둔중한 목.

근육이 많은 강한 목을 말한다. 많은 견종에서는 결점이나 불독에서는 필수적이다.

🐾 **견종예시** : 불독 Bulldog

🐾 **견종표준**

Bulldog :

"Neck - The neck should be short, very thick, deep and strong and well arched at the back."

그림 15. 불 넥 Bull Neck : 불독 Bulldog

🏠 스로티 넥 Throaty Neck

이완된 목.

클린 넥 Clean Neck의 반대 의미.

피부가 느슨해져서 목 부분에 주름이 많은 것.

> 🐾 견종예시 : 도그 드 보르도 Dogue de Bordeaux, 잉글리시 세터르 English Setter, 토이 팍스 테
> 리어르 Toy Fox Terrier

🐾 견종표준

Dogue de Bordeaux :

"The well-defined dewlap starts at the level of the throat forming folds down to the chest, without hanging exaggeratedly."

English Setter :

"Not too **throaty**."

Toy Fox Terrier :

"The neck is ⋯ muscular and free from throatiness."

그림 16. 스로티 넥 Throaty Neck : 불매스티프 Bullmastiff

🏠 스로티니스 Throatiness

스로티 넥 Throaty Neck 참조.

🏠 웨트 넥 Wet Neck

이완된 목.

스로티 넥 Throaty Neck 참조.

🏠 주 넥 Ewe Neck

암양 목.

탑라인 Topline이 볼록하지 않고 오목한 목.

그림 17. 주 넥 Ewe Neck - 양(십 Sheep)

🏠 크레스티드 넥 Crested Neck

학 목.

잘 발달된 목 근육에 의해서 윗부분이 좋은 아치를 형성한 목으로 학처럼 긴 목을 높이 치켜세우고 있는 목.

🔊 **견종예시** : 도베르먼 핀셔르 Doberman Pinscher

🐾 **견종표준**

Doberman Pinscher :

"**Well arched**, with nape of neck widening gradually toward body."

그림 18. 크레스티드 넥 Crested Neck : 도베르먼 핀셔르 Doberman Pinscher

🏠 클린 넥 Clean Neck

팽팽한 목. 단정한 목.

느슨한 피부이나 주름이 없고 잡아당긴 듯한 목을 말한다. 웻 넥 Wet Neck(늘어진 목)의 반대 의미이다.

🐾 **견종예시** : 보르조이 Borzoi, 매스티프 Mastiff

🐾 **견종표준**

Borzoi :

"Neck: Clean,··· "

Mastiff :

"Neck moderately 'dry' (not showing an excess of loose skin)."

그림 19. **클린 넥 Clean Neck** : 도베르먼 핀셔르 Doberman Pinscher.

노즈 NOSE

코.

코는 개의 능력을 좌우하는 후각기관인 동시에 호흡에 중요한 기관이며 냄새를 맡고 발성을 돕는다. 코의 표면은 알비노(앨바이노 Albino)인 경우를 제외하고 색소가 존재하며 코의 색은 견종과는 관계없이 검은색이 선호된다.

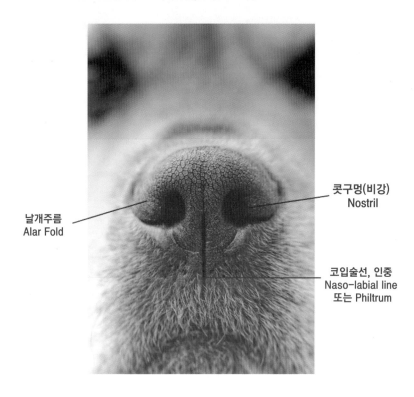

날개주름
Alar Fold

콧구멍(비강)
Nostril

코입술선, 인중
Naso-labial line
또는 Philtrum

그림 20. 코의 구조(노즈 어내터미 Nose Anatomy)

노즈 밴드 NOSE BAND

코띠.

주둥이 주위에 흰색의 띠를 이룬 반점으로 **머즐 밴드** Muzzle Band라고도 한다. 패펄란 Papillon에서는 확실한 얼굴 표현을 위해 노즈 밴드를 선호한다. 구체적으로 나누면 코 주변은 노즈 밴드, 주둥이를 따라 생기는 반점은 머즐 밴드 Muzzle Band 또는 **브리지** Bridge라고도 한다.

(가) 버르니즈 마운턴 독 Bernese Mountain Dog

(나) 패펄란 Papillon

그림 21. 노즈 밴드 Nose Band

노즈 타입스 NOSE TYPES

코 유형.

노즈 타입스 Nose Types	대표 견종	참조
로먼 노즈 Roman Nose	보르조이 Borzoi 리언버르거르 Leonberger	그림 23
리버르 노즈 Liver Nose	서식스 스패니얼 Sussex Spaniel 아이어리시 오터르 스패니얼 Irish Water Spaniel 저르먼 쇼르트헤어르드 포인터르 German Shorthaired Pointer	그림 24
버터플라이 노즈 Butterfly Nose	그레이트 데인 Great Dane 카르더건 웰시 코르기 Cardigan Welsh Corgi	그림 25
스노 노즈 Snow Nose	사이비어리언 허스키 Siberian Husky	그림 26
플레쉬 노즈 Flesh Nose	브리타니 스패니얼 Brittany Spaniel	그림 27

🏠 더들리 노즈 Dudley Nose

연분홍 코.

살구색 코와 동일한 의미.

코의 색소가 부족한 상태의 코를 말한다. 새머예드 Samoyed는 검은색이 선호되나 브라운이나 리버(간장색), 연분홍색의 코도 감점이 되지 않는다. 1914년 연분홍색의 코는 AKC 불독 견종표준에서 실격으로 표기되었으며 1976년에는 브라운(갈색) 또는 리버(간장색) 코로 재정의하여 실격으로 표기하였다.

🐾 **견종예시 :** 불독 Bulldog, 새머예드 Samoyed

🐾 **견종표준**

<u>Bulldog :</u>

"Any nose other than black is objectionable and a brown or liver-colored nose shall disqualify."

<u>Samoyed</u> :

"Nose - Black for preference but brown, liver, or **Dudley nose** not penalized."

그림 22. **더들리 노즈 Dudley Nose - 진돗개 Jindo Dog**

🏠 램스 노즈 Ram's Nose

양의 코.

로먼 노즈 Roman Nose 참조.

🏠 로먼 노즈 Roman Nose

로마인 코.

두개골의 연결부에서 코의 끝까지 콧대가 볼록하여 아래로 구부러져 있는 것을 말한다. 약간 아치형 주둥이의 형태를 보이게 된다. 브리터니 Brittany와 잉글리시 스프링어 스패니얼 English Springer Spaniel에서는 바람직하지 않다.

🐾 **견종예시** : 보르조이 Borzoi, 리언버르거르 Leonberger

🐾 **견종표준**

<u>Borzoi</u> :

"… inclined to be **Roman-nosed**."

Leonberger :

"Muzzle: Nasal bridge of even breadth, never running to a point, level or slightly arched (Roman nose)"

(가) 보르조이 Borzoi

(나) 리언버르거르 Leonberger

그림 23. 로먼 노즈 Roman Nose

간장색 코.

간장색 또는 갈색의 코를 말하며 일부 견종에서 허용된다. 저르먼 쇼르트헤어르드 포인터르 German Shorthaired Pointer는 갈색, 아이리시 오터르 스패니얼 Irish Water Spaniel과 서식스 스패니얼 Sussex Spaniel은 간장색을 허용한다. 푸들 Poodle과 사이비어리언 허스키 Siberian Husky에서 갈색 또는 간장색의 코가 많이 나타나며 허용된다. 간장색 코는 허용하는 견종이 있고 허용하지 않는 견종도 있으니 견종표준을 꼭 참고하기 바란다. 간장색 코를 허용하지 않는 견종은 진돗개 Jindo Dog, 시바이누 Shiba Inu, 피머레이니언 Pomeranian(검은색 허용), 치와와 Chihuahua 등이 있으며 푸들 Poodle은 색상에 따라 허용과 허용되지 않는 것이 있다.

🐾 **견종예시** : 서식스 스패니얼 Sussex Spaniel, 아이어리시 오터르 스패니얼 Irish Water Spaniel, 저르먼 쇼르트헤어르드 포인터르 German Shorthaired Pointer

🐾 **견종표준**

German Shorthaired Pointer :

"The nose is **brown**, ⋯ "

Irish Water Spaniel :

"The nose is large and **dark liver in color**."

Sussex Spaniel :

"The nostrils are well-developed and **liver colored**"

(가) 서식스 스패니얼 Sussex Spaniel

(나) 아이리시 오터르 스패니얼 Irish Water Spaniel

(다) 저르먼 쇼르트헤어르드 포인터르 German Shorthaired Pointer

그림 24. 리버르 노즈 Liver Nose

🏠 버터플라이 노즈 Butterfly Nose

반점 코.

살구색의 코에 검은 반점이 있는 코 혹은 검은색 코에 살구색 반점이 있는 것을 말한다. 그레이트 데인 Great dane, 카르더건 웰시 코르기 Cardigan Welsh Corgi와 같은 얼룩 패턴 또는 청회색 개들이 대표적이다. 수많은 견종표준에서 바람직하지 않다고 표기하고 있다. 코의 색소가 완성되는 시간은 견종에 따라 매우 다양하다. 반점 코는 일반적으로 결점에서도 중대한 결점에 해당된다. 반점 코는 그림 25처럼 눈으로 쉽게 관찰되는 곳에 있는 경우에는 발견하기가 쉬우나 코와 주둥이 사이의 경계부분에 있는 경우에는 발견하기가 쉽지 않고 놓치는 경우가 많으므로 주의하여 살펴볼 필요가 있다.

(가) 그레이트 데인 Great Dane

(나) 카르더건 웰시 코르기 Cardigan Welsh Corgi

그림 25. 버터플라이 노즈 Butterfly Nose

🏠 브라운 노즈 Brown Nose

리버르 노즈 Liver Nose 참조.

🏠 스노 노즈 Snow Nose

눈 코.

평상시에는 코가 검은색이거나 간장색이지만 겨울철에 퇴색하여 핑크색의 줄무늬가
생기는 코를 말한다. 스노 노즈는 래브러도르 리트리버르 Labrador Retriever와 같
은 견종들에서 빈번히 보이게 된다. 사이비어리언 허스키 Siberian Husky, 얼래스컨
맬러뮤트 Alaskan Malamute, 새머예드 Samoyed에서는 허용된다. 레이크랜드 테
리어르 Lakeland Terrier에서 스노 노즈는 허용은 되나 바람직하지 않다.

🐾 **견종예시** : 래브러도르 리트리버르 Labrador Retriever, 레이크랜드 테리어르 Lakeland Terrier,
얼래스컨 맬러뮤트 Alaskan Malamute

🐾 **견종표준**

Alaskan Malamute :

"The lighter streaked '**snow nose**' is acceptable."

Labrador Retriever :

"The nose should be black on black or yellow dogs, and brown on choc-
olates. Nose color fading to a lighter shade is not a fault."

Lakeland Terrier :

"A '**winter' nose** with faded pigment is permitted, but not desired."

(가) 정상적인 코 – 노르멀 노즈 Normal Nose   (나) 알비노 코 – 스노 노즈 Snow Nose

그림 26. **스노 노즈 Snow Nose** : **사이비어리언 허스키** Siberian Husky

🏠 스머지 노즈 Smudge Nose

얼룩진 코.

스노 노즈 Snow Nose 참조.

🏠 스파티드 노즈 Spotted Nose

얼룩 코.

버터플라이 노즈 Butterfly Nose 참조.

🏠 윈터르 노즈 Winter Nose

겨울 코.

스노 노즈 Snow Nose 참조.

🏠 플레시 노즈 Flesh Nose

살구색 코.

균일한 단일 색상의 코. 특히 살구색의 코를 말한다. 대부분의 견종은 이 코의 색상을 결점으로 표기하나 사이비어리언 허스키 Siberian Husky의 경우에는 순백색에 한해 허용한다. 허용 가능한 견종에는 와이머라너르 Weimaraner, 클럼버르 스패니얼 Clumber Spaniel, 웰시 스프링어르 스패니얼 Welsh Springer Spaniel, 스피노네 이탈리아노 Spinone Italiano, 페어로 하운드 Pharaoh Hound 등이 있다. 저르먼 쇼르트헤어르드 포인터르 German Shorthaired Pointer에서는 살구색 코는 실격이다. 브리타니 스패니얼 Brittany Spaniel에서는 살구색 코를 가져도 문제가 되지 않는다. 살구색 코를 가지고 있는 개가 너무 많이 출현하고 있기 때문에 정상으로 보는 견종이 많다. 이미 언급한 것처럼 브리타니 스패니얼 Brittany Spaniel도 살구색 코를 정상으로 허용하나 검은색 코를 가지고 있는 개가 있기 때문에 견종 선택할 때에 주의가 필요하다.

🐾 **견종예시** : 사이비어리언 허스키 Siberian Husky, 저르먼 쇼르트헤어르드 포인터르 German Shorthaired Pointer, 페어로 하운드 Pharaoh Hound

🐾 **견종표준**

German Shorthaired Pointer :

"A **flesh colored** nose disqualifies."

Pharaoh Hound :

"Nose **flesh colored**, blending with the coat."

Siberian Husky :

"··· may be **flesh-colored** in pure white dogs."

그림 27. 플레시 노즈 Flesh Nose : 브리타니 스패니얼 Brittany Spaniel

노즈 피그먼트 NOSE PIGMENT

코의 색소.

코의 색은 코 조직에 있는 색소의 존재 유무에 따라 다양한 색상을 가지게 된다. 일반적으로 검은색이 바람직하나 견종에 따라 다르다. 또 동일 견종 내에서도 모색에 따라 다른 경우가 있다. 예를 들면, 플랫 코티드 리트리버르 Flat-coated Retriever는 검은색 개일 경우 검은색 코, 간장색의 개는 갈색 코를 가지고 있어야 한다. 알비노(앨바이노 Albino)인 개의 경우 코의 색은 핑크빛을 띠는데 이것은 상피의 색소가 아니라 혈액이 투명하게 비쳐 보이는 것이다.

(가) 정상적인 코 Normal Nose

(나) 알비노 코 Albino Nose

(다) 검은 털 – 검은색 코, 플랫 코티드 리트리버르 Flat-coated Retriever

(라) 갈색 털 – 간장색 코, 푸들 Poodle

그림 28. 노즈 피그먼트 Nose Pigment

니 조인트 KNEE JOINT

스타이플 조인트 Stifle Joint 참조.

닉티테이팅 멤브레인 NICTITATING MEMBRANE

순막 瞬膜.

개의 제3의 눈꺼풀인 순막은 여러 기능을 한다. 각막의 유리창 세척 역할을 하여 각막의
잔해와 점액을 제거한다. 또한, 세 번째 눈꺼풀의 눈물샘은 개 눈물의 약 1/3을 생성한
다. 세 번째 눈꺼풀에는 림프절로 작용하여 감염을 방지하기 위한 항체를 생산하는 림프
조직이 있다. 마지막으로 각막을 손상으로부터 보호한다. 인간의 눈꺼풀도 각막을 보호하
고 영양을 공급하지만, 개처럼 세 번째 눈꺼풀이 없기 때문에 2개의 눈꺼풀이 비슷한 기
능을 수행한다.

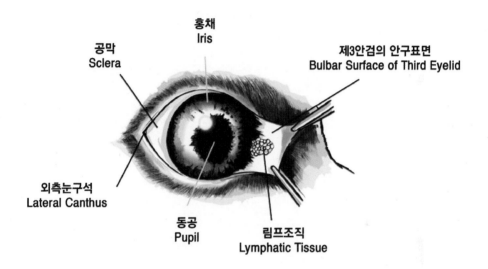

그림 29. 닉티테이팅 멤브레인 Nictitating Membrane

다리 길이에 의한 분류 CLASSIFICATION BY LENGTH OF LEGS

개는 용도별로 건독, 하운드, 테리어 등의 그룹으로 분리되는데 이들 그룹은 다리의 길이에 따라 더욱 세분되기도 한다.

다리길이	견종 그룹	대표 견종
장지 (길다)	하운드	애프갠 하운드 Afghan Hound, 보르조이 Borzoi, 팍스 하운드 Fox Hound, 그레이 하운드 Grey Hound 등
	테리어	에어르데일 테리어르 Airedale Terrier, 베들링턴 테리어르 Bedlington Terrier, 팍스 테리어르 Fox Terrier, 아이어리시 테리어르 Irish Terrier, 케리블루 테리어르 Kerryblue Terrier, 미니어쳐르 슈나우저르 Miniature Schnauzer 등
단지 (짧다)	하운드	배싯 하운드 Basset Hound, 닥스훈드 Dachshund 등
	테리어	오스트레일리언 테리어르 Australian Terrier, 케어른 테리어르 Cairn Terrier, 댄디 딘만트 테리어르 Dandie Dinmont Terrier, 스카티시 테리어르 Scottish Terrier, 웨스트 하이런드 테리어르 West Highland Terrier 등

다머노 DOMINO

가면.

일부 견종의 머리에 있는 역 얼굴 마스크 형태.

캡 Cap 참조.

닥 DOCK

단미 斷尾.

단미는 꼬리 전체 또는 일부를 자르는 것을 의미한다.

단미에 대한 고통을 느끼지 않도록 하기 위하여 신경발달이 이루어지기 전인 생후 4~5일경에 실시하게 된다. 단미는 단미할 부분을 밴드로 묶어주거나 외과적 수술에 의해서 실시된다. 단미의 길이는 견종에 따라 다르다. 대표적인 단미 견종에는 도베르먼 핀셔르 Doberman Pinscher, 팍스 테리어르 Fox Terrier, 박서르 Boxer 등이 있다. 단미를 실시하는 원래의 목적은 개가 생활하거나 작업하는 환경에서 꼬리가 다치는 것을 방지하기 위한 것이었으나 최근에는 아름답게 하기 위하여 실시하기도 한다.

(가) 단미하지 않은 경우

(나) 단미한 경우

그림 30. **닥 Dock – 라트와일러르 Rottweiler**

댐 DAM

네발짐승의 어미.

데드 코트 DEAD COAT

몰팅 MOLTING 참조.

덴티션 DENTITION

치아.

개의 치아는 인간처럼 씹는 목적보다는 음식물을 찢고, 뜯고, 나누어 삼키는 역할을 한다. 인간은 씹어 음식물을 삼키기 때문에 어금니(구치)가 발달되어 있지만 개는 발달이 되어 있지 않다. 개는 치아가 유일한 사냥 도구이며 무기가 된다. 오랜 세월동안 인간은 개를 용도에 맞게 개량했고 인간과 함께 생활을 하면서 현대의 개는 치아도 질적으로 약해져 있다. 개의 치아는 **치관**(齒冠, 크라운 Crown)과 **치근**(齒根, 루트 Root)으로 구성된 특별한 구조물로 하나의 치아는 **에나멜질**(치아 표면을 덮고 있는 흰 부분, 이내멀 Enamel), **상아질**(에나멜질 바로 안쪽으로 치아의 주체를 이루는 조직, 덴틴 Dentine), **시멘트질**(치근의 상아질 바깥쪽을 덮어 싸는 조직, 시멘텀 Cementum), **치수**(혈관이나 신경이 있는 조직, 펄프 Pulp)로 구성되어 있다. 또한 개의 치아는 유치와 영구치를 가지고 있다. 성견의 치아 수는 위턱 전방의 좌우에 각각 앞니(문치, 인사이저스 Incisors, 라틴어의 자르다에서 유래됨) 3개, 송곳니(견치, 케이나인스 Canines) 1개, 앞어금니(전구치, 프리모러스 Premolars) 4개, 뒷어금니(후구치, 모러르스 Molars) 2개를 합쳐서 총 20개이고, 아래턱은 전방 좌우 각각 앞니(문치) 3개, 송곳니(견치) 1개, 앞어금니(전구치) 4개, 뒷어금니(후구치) 3개를 합쳐서 총 22개이다. 윗니와 아랫니를 합쳐서 총 42개가 된다.

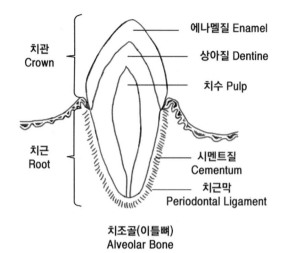

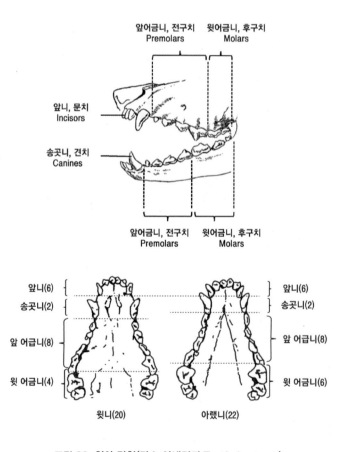

그림 31. 치아 구조(스트럭처르 어브 티스 Structure of Teeth)

그림 32. 치아 명칭(티스 어내터미 Teeth Anatomy)

🏠 디시주어스 티스 Deciduous Teeth

유치 乳齒.

유치는 생후 약 3주경에 앞니, 송곳니, 앞어금니 순으로 나오기 시작해 약 40일 정도에 완성된다. 단, 제 1 앞어금니와 뒤어금니는 나오지 않는다. 따라서 유치의 수는 위턱과 아래턱에 각각 14개를 합쳐 총 28개가 된다.

🏠 미싱 티스 Missing Teeth

결치 缺齒.

정상 치아보다 치아의 수가 선천적으로 부족한 것을 말하며 결치는 앞어금니(전구치)에서 발생 빈도가 높으며 특히 제 1 앞어금니(제1 전구치/소구치)에서 가장 많이 발생한다.

🏠 디스템퍼르 티스 Distemper Teeth

디스템퍼 치아.

개 홍역(디스템퍼)이나 고열을 동반한 질병 후에 발생하는 치아 질의 변화에 따라 변색이 된 것으로 일반적으로 갈색을 띠고 치아의 마모가 심하다.

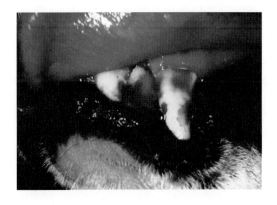

그림 33. 디스템퍼르 티스 Distemper Teeth

출처 : https://medical-dictionary.thefreedictionary.com/_/viewer.aspx?path=vet&name=gr112.jp-g&url=https%3A%2F%2Fmedical-dictionary.thefreedictionary.com%2Fdistemper%2Bteeth

🏠 밀크 티스 Milk Teeth

젖니.

디시주어스 티스 Deciduous Teeth 참조.

🏠 베이비 티스 Baby Teeth

젖니.

디시주어스 티스 Deciduous Teeth 참조.

🏠 브로컨 티스 Broken Teeth

손상치.

후천적으로 파손된 치아를 말한다. 애너톨리언 셰퍼르드 독 Anatolian Shepherd Dog 에서는 결점이 아니다. 사고에 의한 손상치는 피러니언 셰퍼드 Pyrenean Shepherd 에서는 감점을 하지 않는다. 또한 벨전 터르뷰어런 Belgian Tervuren과 러슬 테리어 Russell Terrier에서도 감점을 주지 않는다.

> 🐾 **견종예시** : 애너톨리언 셰퍼드 독 Anatolian Shepherd Dog
> 🐾 **견종표준**
>
> Anatolian Shepherd Dog :
>
> "Broken teeth are not to be faulted."

🏠 수퍼르뉴머레리 투스 Supernumerary Tooth

과잉치 過剩齒.

정상 치아수보다 많은 치아를 말한다. 과잉치는 주로 앞니에 나타나는 경향이 있다.

🏠 스크램블드 마우스 Scrambled Mouth

어긋난 치아.

앞니가 정상 위치에서 나지 않아 치아의 정렬이 맞지 않거나 어긋나있는 치아.

🏠 실치 失齒 Losing of Teeth

치아 상실.

후천적으로 상실한 치아로 노령견에 많다.

🏠 유치가 없는 위치 Position Free of Deciduous Teeth

제 1 앞어금니(제1 전구치/소구치) - 상악 2개, 하악 2개

제 1 뒤어금니(제1 후구치) - 상악 2개, 하악 2개

제 2 뒤어금니(제2 후구치) - 상악 2개, 하악 2개

제 3 뒤어금니 - 상악 0개, 하악 2개

🏠 카르내시얼 Carnassial

열육치 裂肉齒.

육식성 포유류에서 찾을 수 있는 대형 치아 중 하나로, 가위나 전단기와 같이 살을 자를 수 있는 치아. 상악 제 4 앞어금니(제 4 전구치/소구치), 하악 제 1 뒤어금니(제 1 후구치)를 말한다.

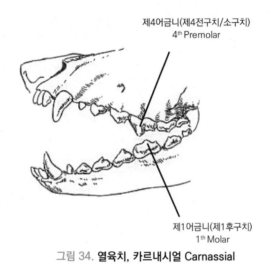

제4어금니(제4전구치/소구치)
4th Premolar

제1어금니(제1후구치)
1th Molar

그림 34. **열육치, 카르내시얼 Carnassial**

🏠 퍼르머넌트 티스 Permanent Teeth

영구치 永久齒.

유치는 생후 2~7개월 사이에 영구치로 바뀌는데 제 1 앞어금니와 뒤어금니는 유치 없이 직접 영구치가 나온다. 영구치로 바뀌는 것은 앞니가 가장 빨라 2~5개월 사이에 이루어지고 송곳니는 4~5개월, 전구치(앞어금니)는 4~6개월, 후구치(뒤어금니)는 5~7개월 사이에 각각 이루어진다.

🏠 프라이메리 티스 Primary Teeth

1차치 1次齒.

디시주어스 티스 Deciduous Teeth 참조.

뎁스 어브 체스트 DEPTH OF CHEST

흉심.

견갑에서 흉골(9번째 늑골)에 이르는 수직거리이며 가슴의 깊이가 된다.

흉심(Depth of Chest)

그림 35. 뎁스 어브 체스트 Depth of Chest

도르슬 DORSAL

등쪽.

등에 대한 해부학적 용어.

벤트럴 Ventral의 반대 개념.

듀랩 DEWLAP

처진 목살.

목의 피부가 아래로 늘어진 것. 일부 견종에서 볼이나 목 부분에 접힌 형태.

견종예시 : 배싯 하운드 Basset Hound, 블러드하운드 Bloodhound

Basset Hound :

"The **dewlap** is very pronounced."

Bloodhound :

" ⋯ **Dewlap**-In front the lips fall squarely, ⋯"

그림 36. 듀랩 Dewlap : 배싯 하운드 Basset Hound

듀클로 DEWCLAW

며느리 발톱. 이리 발톱.

퇴화된 발톱으로 며느리 발톱은 앞·뒤 발목(패스터른)의 안쪽에 사용되지 않는 첫 번째 발
가락이다. 앞발에는 모든 개가 며느리 발톱을 가지고 있으나 뒷발은 있는 개가 있고 없는
개도 있다. 또한 제거해도 문제가 없는 개도 있고 제거하면 절대로 안 되는 개(그레이트 피
레니즈 Great Pyrenees)도 있다.

며느리 발톱은 발톱과 패드를 포함하고 있으며 뼈에 의해서 앞·뒤 발목(패스터른)과 연결
된다. 정상적으로 서있는 상태에서는 지면에 닿지 않는다. 며느리 발톱은 상대적으로 기능
을 상실한 발가락으로 발톱이 아니다. 많은 개들이 태어날 때 며느리 발톱을 가지고 있으

나 보행에 불편을 주며 상해의 위험이 있기 때문에 출생 후 신경시스템이 발달하기 이전에 절개한다. 단 견종의 고유한 특징으로 절제를 금하는 경우가 있다.

① 전지 패스터른의 안쪽에 있는 엄지발가락

② 후지 패스터른에 드물게 발생한 잉여 발가락으로 모든 경우에 나타나는 것은 아니나 우성으로 유전된다.

견종예시 : 그레이트 피러니즈 Great Pyrenees

견종표준

Great Pyrenees :

"Each foreleg carries a single **dewclaw**."

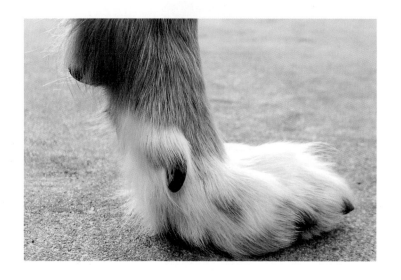

그림 37. **듀클로 Dewclaw**

드라이 DRY

팽팽 膨膨, 긴장 緊張.

머리와 목 그리고 몸의 피부가 팽팽함에 대한 주름과 접힘의 상대적 정도를 표현하고자 할 때 사용하는 용어로 요구되는 정도보다 주름과 접힘이 부족할 때 사용된다.

디지츠 DIGITS

토우즈 Toes 참조.

라이 마우스 WRY MOUTH

뒤틀린 입.

아래턱의 한쪽이 뒤틀려 비뚤어진 입을 말한다. 상대적으로 단두형 견종인 브리티시 불독 British Bulldog와 피킹이즈 Pekingese에서는 일반적으로 결점이 되며 케이스한드 Keeshond에서도 결점이다. 브러셀즈 그리펀 Brussels Griffon에서는 심각한 결점이며 잉글리시 토이 스패니얼 English Toy Spaniel에서는 감점이 된다. 허배너스 Havanese, 푸들 Miniature/Standard/Toy Poodle에서는 중대한 결점이고 파르슨 러슬 테리어르 Parson Russell Terrier, 라트와일러르 Rottweiler, 러슬 테리어르 Russell Terrier에서는 실격이다.

견종예시 : 라트와일러르 Rottweiler, 보스턴 테리어르 Boston Terrier, 푸들 Poodle

견종표준

Boston Terrier :

"Serious Fault - **Wry mouth.**"

Great Pyrenees :

"Faults - ⋯ **wry mouth.**"

Poodle :

"Major fault: ⋯ **wry mouth.**"

Rottweiler :

"Disqualifications- ⋯ **wry mouth** ⋯ "

그림 38. **라이 마우스 Wry Mouth**

출처 : http://www.dogsports.com/dentistryfordogs.html

럼프 RUMP

엉덩이. 볼기의 윗부분.

앉으면 바닥에 닿지 않는 부분. 골반부의 상부 표면으로 근육이 연결된 부분을 말한다. 엉덩이의 앞부분은 허리의 말단에서 시작하고 뒷부분은 궁둥이에 융합된다.

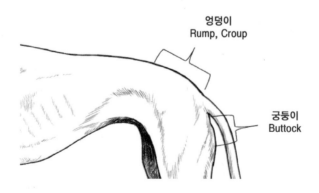

그림 39. **럼프 Rump 와 버턱스 Buttocks**

🏠 **구스 럼프 Goose Rump**

거위 엉덩이.

근육의 발달이 불충분하여 엉덩이 골반의 경사가 급한 것을 말한다. 급격한 골반에 의한 거위 엉덩이는 뒷다리의 뻗는 거리가 제한되는 결과를 가지게 된다. 일반적으로 꼬리 기저가 낮아져 낮은 꼬리가 동반된다. 애프갠 하운드 Afghan Hound에서 거위 엉덩이는 결점이다.

🐾 **견종예시** : 애프갠 하운드 Afghan Hound

🐾 **견종표준**

Afghan Hound :

"Body: … Faults-Roach back, swayback, **goose rump**, slack loin; lack of prominence of hipbones; too much width of brisket, causing interference with elbows."

그림 40. **구스 럼프 Goose Rump** : 푸들 Poodle

레기 LEGGY

긴 다리.

현저하게 긴 다리.

그림 41. 레기 Leggy : 푸들 Poodle

레이시 RACY

고귀한 외모.

카비 Cobby 또는 스타키 Stocky의 반대 의미.

일반적으로 구조가 순혈말처럼 유연하고 우아한 외모를 의미한다. 구조가 가볍고 다리와 꼬리가 길며 가는 모양을 말한다.

🐶 **견종예시** : 그레이하운드 Greyhound, 아이리시 세터르 Irish Setter, 휘핏 Whippet

🐾 **견종표준**

Irish Setter :

"General Appearance: ⋯ substantial yet elegant in build."

또한 특정 부위를 설명하고자 할 때에도 사용한다.

🐶 **견종예시** : 보르더르 테리어르 Border Terrier

🐾 **견종표준**

Border Terrier :

"Hindquarters: Muscular and **racy,** ⋯ "

그림 42. 레이시 Racy : 휘핏 Whippet

레이시니스 RACINESS

고귀한 외모.

레이시 Racy 참조.

레인지 RANGY

긴 몸통.

다리와 몸통이 길어서 다리의 위쪽이 길고 가볍게 구조물이 구성되어 있는 것으로 일반적으로 흉심이 부족한 개를 말한다. 안 좋은 구성의 부정적 의미로 사용한다. 어키터 Akita, 미니어쳐르 슈나우저르 Miniature Schnauzer 등 수많은 견종에서 긴 몸통은 심각한 결점이다.

🐕 **견종예시** : 어키터 Akita

🐾 **견종표준**

Akita :

"Serious Faults - Light bone, **rangy** body."

그림 43. 레인지 Rangy : 어키터 Akita

렝크스 어브 스컬 LENGTH OF SKULL

두개골의 길이.

스탑 Stop에서 후두융기(뒤통수뼈융기, 액시피털 프로튜버런스 Occipital Protuberance)까지의
머리 위쪽의 직선거리.

로워르 아이리드 LOWER EYELID

하안검(下眼瞼).

호-아이드니스 Haw-Eyedness 참조.

눈을 덮는 2개의 눈꺼풀 가운데 아래쪽 눈꺼풀을 로워르 아이리드(하안검)라고 한다. 로워르
아이리드(하안검)의 이완으로 인해 결막(結膜)이 노출되는 경우가 있는데 일부 견종에 한해
허용된다. 특히 매스티프 계통의 개들은 로워르 아이리드(하안검)가 이완되는 경우가 많다.

　　　견종예시 : 블러드하운드 Bloodhound, 세인트 버르너르드 Saint Bernard

　　　견종표준

　　Bloodhound :

　　"The eyes are deeply sunk in the orbits, the lids assuming a lozenge or diamond shape, in consequence of the **lower lids** being dragged down and everted by the heavy flews."

Saint Bernard :

"The **lower eyelids**, as a rule, do not close completely and, if that is the case, form an angular wrinkle toward the inner corner of the eye."

그림 44. 로워르 아이리드 Lower Eyelid : 세인트 버르너르드 – 결막이 너무 많이 노출되어 잘못된 경우

로인 LOIN

허리.

요부 또는 허리를 말하며 최후미의 늑골과 후지 사이에 있는 7개 요추의 양측면 몸통부분으로 근육이 잘 발달해 단단하게 조여지며 강력한 것이 좋다. 느슨한 허리는 휘청거려 중대한 결점이 된다.

그림 45. 로인 Loin

롱 바디 LONG BODY

긴 몸통.

단지장동(短肢長胴, 다리는 짧고 몸통은 길다).

전형적인 견종은 댄디 딘만트 테리어르 Dandie Dinmont Terrier, 닥스훈드 Dachs-hund 등이 있으며 단지 견종에서 체고에 비해 몸통이 긴 것을 말한다.

(가) 닥스훈드 Dachshund

(나) 댄디 딘만트 테리어 Dandie Dinmont Terrier

그림 46. **롱 바디 Long Body**

리스트 WRIST

앞 발목.

수근골(카르퍼스 Carpus)의 구어적 표현.

발목에는 7개의 뼈가 2개의 행으로 구성되어 위쪽 행에는 3개의 뼈가 아래쪽 행에는 4개의 뼈가 배열되어 있다. 이 뼈는 전완골(요골과 척골)와 중수골(메터카르펄 본즈 Metacarpal Bones) 사이에 위치한다. 대부분의 견종에서 패스터른과 연결되어 10°~15°의 경사를 이루게 된다. 저르먼 셰퍼르드 독 German Shepherd Dog의 앞 발목(패스터른)의 각도는 약 20°이다.

발목(리스트 Wrist)

그림 47. **리스트 Wrist – 슬루기 Sloughi**

하인드쿼르터르스 앵귤레이션 Hindquarters Angulation 참조.

립스 LIPS

입술.

치아를 덮고 있는 위턱과 아래턱의 살이 있는 부분. 입술은 주둥이, 뺨, 턱과의 경계가 명확하지 않고 융합되어 있다. 윗입술은 코 바로 아래에서 시작되어 위쪽 치아를 덮어 있으며 옆쪽으로는 뺨과 합쳐져 입꼬리에서 끝난다. 아랫입술은 입꼬리에서 시작되어 아래 치아를 덮고 턱과 합쳐지게 된다. 윗입술과 아랫입술이 만나는 지점을 **입꼬리** 또는 **구각**이라고 부른다.

립 타입스 LIP TYPES

입술 유형.

립 타입스 Lip Types	대표 견종	참조
다이버르징 립스 Diverging Lips	니어팔러턴 매스티프 Neapolitan Mastiff	그림 48
드라이 립스 Dry Lips	리언버르거르 Leonberger	그림 49
리시딩 립스 Receding Lips	보르조이 Borzoi	그림 50
클로즈-피팅 립스 Close-fitting Lips	베들링턴 테리어르 Bedlington Terrier	그림 56
패디드 립스 Padded Lips	피킹이즈 Pekingese	그림 57
펜던트 립스 Pendant Lips	잉글리시 세터르 English Setter	그림 58
펜줄러스 립스 Pendulous Lips	블러드하운드 Bloodhound	그림 59
하운드 라이크 립스 Hound-like Lips	블러드하운드 Bloodhound	그림 62

🏠 다이버르징 립스 Diverging Lips

갈라진 입술.

일반적인 입술과 다른 모양의 입술. 코중격에서 둔각으로 갈라져 옆에서 보았을 때 정방형으로 늘어져 있는 입술.

그림 48. 다이버르징 립스 Diverging Lips : 니어팔러턴 매스티프 Neapolitan Mastiff

🏠 드라이 립스 Dry Lips

깔끔한 입술.

어떠한 늘어짐도 없이 아래 입술을 덮을 수 있을 만큼 충분한 윗입술을 말한다.

그림 49. 드라이 립스 Dry Lips : 리언버르거르 Leonberger

🏠 리시딩 립스 Receding Lips

뒤로 무른 입술. 뒤로 무른 턱.

옆에서 보았을 때 상대적으로 뾰족한 주둥이를 말한다.

그림 50. 리시딩 립스 Receding Lips : 보르조이 Borzoi

🏠 리피 Lippy

축 늘어진 입술.

아래로 늘어진 입술 혹은 턱에 밀착되지 않은 입술로 견종표준에서 서술된 것 이상으로 입술의 양이 많은 것을 의미한다.

그림 51. **리피 Lippy** : **세인트 버르너르드** Saint Bernard

🏠 새머예드 스마일 Samoyed Smile

새머예드 미소.

입술의 끝이 약간 올라가서 웃는 듯한 인상을 주는 것. 이러한 형태의 입술은 개가 침을 흘리는 것을 감소시켜주는 기능을 한다.

🐾 **견종예시** : 새머예드 Samoyed

🐾 **견종표준**

Samoyed :

"the mouth should be slightly curved up at the corners to form the 'Samoyed smile.'"

그림 52. **새머예드 스마일** Samoyed Smile : **새머예드** Samoyed

과한 입술.

윗입술이 너무 길어 턱의 구별이 어려워진 입술.

박서르 Boxer의 입술은 앞이나 옆에서 보았을 때 턱을 명확히 구별할 수 있어야 한다.

🐾 **견종예시** : 박서르 Boxer

🐾 **견종표준**

Boxer :

"Any suggestion of an **overlip** obscuring the chin should be penalized."

그림 53. **오버르립 Overlip** : 니어팔러턴 매스티프 Neapolitan Mastiff

🏠 **웰-피팅 립스 Well-fitting Lips**

클로즈-피팅 립스 Close-fitting Lips 참조.

🐾 **견종예시** : 아이어리시 테리어르 Irish Terrier

🐾 **견종표준**

Irish Terrier :

"Lips: Should be close and **well-fitting**, …"

🏠 정크션 어브 더 립스 Junction of the Lips

카미슈르 어브 더 립스 COMMISSURE OF THE LIPS 참조.

🎧 **견종예시** : 브라크 프랑세(가스코뉴) Braque Français (Gascogne)

🐾 **견종표준**

Braque Francais (Gascogne) **CKC** :

"Muzzle: Straight, big, rectangular with lips well dropped and **junction of lips** wrinkled."

그림 54. **정크션 어브 더 립스 Junction of the Lips** :
브라크 프랑세(가스코뉴) Braque Francais (Gascogne)

🏠 **챱스 Chops**

처진 윗입술.

플루즈 Flews와 동일한 의미이며 특히 불독 Bulldog의 견종표준에서 사용되는 용어
이다. 볼의 살과 위턱의 입술이 특히 통통하거나 늘어져 있는 것으로 살집이 좋은 두
터운 입술과 턱을 말한다. 또한 처진 윗입술이 잘 발달되어 있으면 아랫입술도 잘 발
달된다. 이를 **턱밑살**(자울 Jowl)이라고 한다.

🐾 **견종예시** : 불독 Bulldog

🐾 **견종표준**

Bulldog :

"Lips - The **chops** or 'flews' should be thick, broad, pendant and very deep, completely overhanging the lower jaw at each side."

그림 55. 찹스 Chops : 불독 Bulldog

🏠 **카미슈르 어브 더 립스 Commissure of the Lips**

입꼬리. 입아귀. 구각 口角.

입술의 양쪽 끝 부분. 주둥이의 위턱-아래턱 입술이 분기하는 부분으로 입아귀 또는 구각(口角)이라고도 한다.

🏠 **클로즈-피팅 립스 Close-fitting Lips**

잘 맞물린 입술.

플루즈 Flews가 전혀 없이 턱에 잘 맞물려 있는 입술.

🐾 **견종예시** : 베들링턴 테리어 Bedlington Terrier

🐾 **견종표준**

Bedlington Terrier :

"Close-fitting lips, no flews."

그림 56. **클로즈-피팅 립스 Close-fitting Lips** : 베들링턴 테리어 Bedlington Terrier

🏠 **페어로 하운드 스마일 Pharaoh Hound Smile**

새머예드 스마일 Samoyed Smile 참조.

🏠 **패디드 립스 Padded Lips**

도톰한 입술.

두껍거나 쿠션 같은 입술

🐾 **견종예시** : 박서르 Boxer, 차이니즈 샤페이 Chinese Shar-Pei

🐾 **견종표준**

Boxer :

"The upper lip is thick and **padded,** ···"

Chinese Shar-Pei :

"The lips and top of muzzle are **well-padded** ···"

그림 57. 패디드 립스 Padded Lips : 피킹이즈 Pekingese

🏠 펜던트 립스 Pendant Lips

펜던트 모양 입술.

펜던트처럼 아래로 늘어져 있는 입술.

🗣 **견종예시 :** 잉글리시 세터르 English Setter

🐾 **견종표준**

English Setter :

" ⋯ of good depth with flews squared and fairly **pendant**."

그림 58. 펜던트 립스 Pendant Lips : 잉글리시 세터르 English Setter

🏠 펜줄러스 립스 Pendulous Lips

늘어진 입술.

옆에서 보았을 때 완전히 늘어져 있는 입술.

대표적으로는 클럼버 스패니얼 Clumber Spaniel(아랫입술 로워르 립 Lower Lip), 블러드하운드 Bloodhound(윗입술 어퍼르 립 Upper Lip)가 있으나 대부분의 다른 견종에서는 결점이 된다.

🐾 **견종예시 :** 매스티프 Mastiff, 배싯 하운드 Basset Hound, 비질러 Vizsla

🐾 **견종표준**

Basset Hound :

"The lips are darkly pigmented and are **pendulous,** falling squarely in front and, toward the back, in loose hanging flews."

Bloodhound :

"Lips, Flews, and Dewlap-In front the lips fall squarely, making a right angle with the upper line of the foreface; …"

Clumber Spaniel :

"The flews of the upper jaw are strongly developed and overlap the lower jaw to give a square look when viewed from the side."

Mastiff :

"Lips diverging at obtuse angles with the septum and sufficiently **pendulous** so as to show a modified square profile."

Vizsla :

"Lips cover the jaws completely but are neither loose nor **pendulous.**"

그림 59. 펜줄러스 립스 Pendulous Lips : 블러드하운드 Bloodhound

⌂ 플러터링 립스 Fluttering Lips

과하게 늘어진 입술.

아래턱 아래로 과하게 늘어진 입술. 플러터링 립스는 깊고 정방형의 주둥이를 가진 것처럼 착각하게 한다.

👤 **견종예시** : 그레이트 데인 Great Dane

🐾 **견종표준**

Great Dane :

"fluttering lips are undesirable."

| (가) 정상 입술 | (나) 비정상 입술 |

그림 60. **플러터링 립스 Fluttering Lips** : 그레이트 데인 Great Dane

⌂ 플루즈 Flews

축 처진 윗입술.

개의 아랫입술은 일반적으로 아랫입술(로워드 립스 Lower Lips)이라고 부르며 윗입술은 플루즈 Flews라고 부른다. 특히 입꼬리에서 현저하다. 애너톨리언 셰퍼드 독 Anatolian Shepherd Dog인 경우에 전체적인 주둥이의 모양이 정방형이며 명백하게 보인다. 브리터니 Brittany에서는 결점이다.

👤 **견종예시** : 그레이트 데인 Great Dane, 애너톨리언 셰퍼드 독 Anatolian Shepherd Dog

😺 **견종표준**

Anatolian Shepherd Dog :

"**Flews** are normally dry but pronounced enough to contribute to 'squaring' the overall muzzle appearance."

Brittany :

"**Flews** to be penalized."

 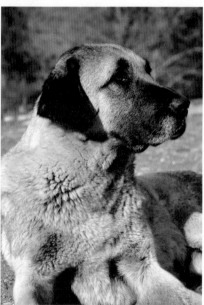

<table>
<tr><td>(가) 그레이트 데인
Great Dane</td><td>(나) 애너톨리언 셰퍼르드 독
Anatolian Shepherd Dog</td></tr>
</table>

그림 61. **플루즈 Flews**

🏠 **하운드 라이크 립스 Hound-like Lips**

유사 하운드 입술.

앞에서 보았을 때 정방형으로 잘 발달된 깊고 늘어진 입술.

🐶 **견종예시 :** 배싯 하운드 Basset Hound, 블러드하운드 Bloodhound, 비글 Beagle

😺 **견종표준**

Basset Hound :

"The lips are darkly pigmented and are pendulous, falling squarely in front and, toward the back, in loose hanging flews."

Bloodhound :

"Lips, Flews, and Dewlap-In front the lips fall squarely, making a right angle with the upper line of the foreface; whilst behind they form deep, hanging flews, and, being continued into the pendant folds of loose skin about the neck, constitute the dewlap, which is very pronounced."

그림 62. **하운드 라이크 립스 Hound-like Lips : 블러드하운드 Bloodhound**

🏠 헤어르 립스 Hare Lips

토끼 입술. 갈라진 입술.

태아 성장과정에서 턱과 앞면의 형성이 제한되어 입술 중심에서 둘로 나누어진 유전에 의한 비정상적인 입술. 이러한 입술은 모든 견종에서 출현할 수 있으며 특히, 단두형 견종에서 더 많이 출현한다.

🐕 **견종예시** : 프렌치 불독 French Bulldog

🐾 **견종표준**

French Bulldog(CKC) :

"Disqualifications ⋯ hare lip"

립스 RIBS

늑골 肋骨. 갈비뼈.

흉곽을 형성하는 중요한 골격의 하나인 늑골은 좌우 13개씩 총 26개가 있으며 흉추에 연결된다.

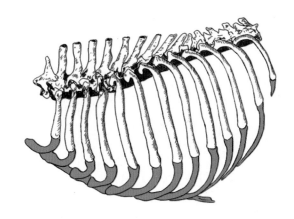

그림 63. **립스** Ribs

🏠 플랫 사이디드 립스 Flat-sided Ribs

평편한 늑골.

둥근 느낌이 불충분한 늑골로 구성된 평편한 옆가슴이다. 일반적으로 이러한 모양의 가슴은 폐활량이 부족하고 서 있을 때에 평형을 상실하기 쉽다.

그림 64. **플랫 사이디드 립스** Flat-sided Ribs : 믹스트 블러드 Mixed Blood

립 케이지 RIB CAGE

흉곽 胸廓.

흉곽은 흉부의 외부를 형성하고 심장이나 폐 등을 수용하는 흉강을 보호하는 바구니 형태의 골격이다. 흉곽의 용적은 앞쪽보다 뒤쪽이 넓다. 흉곽의 단면은 약간 계란형으로 상부가 하부보다 폭이 넓다.

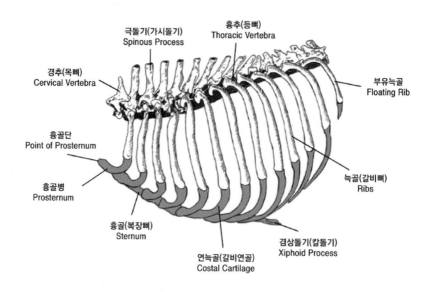

그림 65. **립 케이지** Rib Cage

링클 WRINKLE

주름.

주름을 말하는 것으로 특히, 전두부와 전안부의 이완된 피부를 말한다. 버센지 Basenji의 전두부 주름이 대표적이다. 한편 블러드하운드 Bloodhound의 두부와 경부 주름은 매우 깊고 크다. 또 차이니즈 샤페이 Chinese Shar-Pei는 머리뿐만 아니라 몸통에도 많은 주름이 있다. 주름이 깊으면 **웻** Wet이라고 하고 주름이 있어야 하는 곳에 주름이 부족하면 **드라이** Dry하다고 한다.

견종예시 : 버센지 Basenji, 블러드하운드 Bloodhound, 차이니즈 샤페이 Chinese Shar-Pei

견종표준

Basenji :

"**Wrinkles** appear upon the forehead when ears are erect, and are fine and profuse"

Bloodhound :

"**Wrinkle**: The head is furnished with an amount of loose skin, ⋯ "

Chinese Shar-Pei :

"The head is large, slightly, but not overly, proudly carried and covered with profuse wrinkles on the forehead continuing into side **wrinkles** framing the face."

그림 66. 링클 Wrinkle : 차이니즈 샤페이 Chinese Shar-Pei

마르킹스 MARKINGS

반점.

반점은 두부나 몸통 · 등 부위에 분포와 크기가 다양하며 명칭도 다르다.

코트 마르킹스 COAT MARKINGS 참조.

머뉴프리엄 MANUBRIUM

흉골병.

프로스털넘 Prosternum 참조.

머스태시 MOUSTACHE

콧수염.

입술과 턱 측면에 난 피모를 말하며 통상 수염이라고 한다.

🐕 **견종예시 :** 스카티시 디어르하운드 Scottish Deerhound, 와이어르헤어르드 포인팅 그리펀 Wire-haired Pointing Griffon

🐾 **견종표준**

Scottish Deerhound :

"There should be a good **mustache** of rather silky hair and a fair beard."

Wirehaired Pointing Griffon :

"The head is furnished with a prominent **mustache** and eyebrows."

(가) 스카티시 디어르하운드 Scottish Deerhound

(나) 와이어르헤어르드 포인팅 그리펀 Wirehaired Pointing Griffon

그림 67. 머스태시 Moustache

머즐 MUZZLE

주둥이.

콧구멍·콧마루·턱을 포함한 전안부를 말하며 입술은 치아와 구강에 주위를 덮은 살과 근육부분으로 윗입술과 아랫입술로 되어있다. 장두형일수록 주둥이가 길고, 단두형일수록 주둥이가 짧다. 입술 주위는 좁으며 대게 색소가 짙다. 윗입술은 코 바로 아래에서 시작하며 뒤쪽은 볼과 융합해 양쪽 전반 2/3 이외에 털이 없다. 아랫입술은 입꼬리와 그 뒤의 털이 시작되는 경계부분까지를 말한다. 송곳니를 중심으로 그 앞쪽으로는 미세한 털이 있고 송곳니 뒤쪽으로는 털이 없다. 또 입술은 견종에 따라 특징을 달리하며 얼굴 모양의 형성에 커다란 영향을 미친다.

머즐 타입스 MUZZLE TYPES

주둥이 유형.

🏠 스니피 머즐 Snipy Muzzle

뾰족한 주둥이.

위에서 보았을 때 지나치게 정교하거나 약한 구성으로 폭이 좁으며 날카롭고 뾰족하고 약한 주둥이를 말한다. 일반적으로 결점으로 표기된다. 노르위전 룬데훈트 Norwegian Lundehund과 같은 일부 견종에서는 매우 정교한 주둥이를 허용한다. 그러나 러프 칼리 Rough Collie와 같은 대부분의 견종에서 결점으로 표기되어 있다.

🐾 **견종예시** : 노르위전 룬데훈트 Norwegian Lundehund, 러프 칼리 Rough Collie, 비어르디드 칼리 Bearded Collie

🐾 **견종표준**

Bearded Collie :

"A **snipy muzzle** is to be penalized."

Norwegian Lundehund :

"The muzzle is of medium length and width, tapering gradually to the end of the muzzle."

Rough Collie :

"Head : ⋯ without being flared out in backskull (cheeky) or pinched in muzzle (snipy)."

(가) 노르위전 룬데훈트 Norwegian Lundehund(정상 머즐)

(나) 러프 칼리 Rough Collie(정상 머즐)

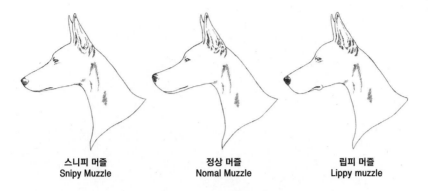

스니피 머즐
Snipy Muzzle

정상 머즐
Nomal Muzzle

립피 머즐
Lippy muzzle

(다) 스니피 머즐 Snipy Muzzle- 도베르먼 핀셔르 Doberman Pinscher

그림 68. 스니피 머즐 Snipy Muzzle

🏠 테이퍼링 머즐 Tapering Muzzle

점감 漸減 주둥이.

주둥이가 코끝으로 갈수록 점점 가늘어지는 것.

🐶 **견종예시** : 맨체스터 테리어르 Manchester Terrier, 미니어처르 핀셔르 Miniature Pinscher

🐾 **견종표준**

Manchester Terrier :

"It resembles a blunted wedge in frontal and profile views."

Miniature Pinscher :

"**Tapering**, narrow with well fitted but not too prominent foreface which balances with the skull."

Norwegian Lundehund :

"The muzzle … **tapering** gradually to the end of the muzzle."

Scottish Terrier :

"The muzzle … only a slight **taper** to the nose."

(가) 맨체스터르 테리어르 Manchester Terrier

(나) 이탈리언 그레이하운드 Italian Greyhound

그림 69. 테이퍼링 머즐 Tapering Muzzle

🏠 핀치트 머즐 Pinched Muzzle

뾰족한 주둥이.

스니피 머즐 Snipy Muzzle 참조.

메인 MANE

숄 Shawl. 갈기 털.

목 뒤쪽과 측면에 있는 풍부하고 두터운 피모를 말한다. 목 전체에 있는 털은 **러프** Ruff라고 부르며 **프릴** Frill 또는 **에이프런** Apron은 앞가슴에 나 있는 털을 말한다.

🔊 **견종예시 :** 피킹이즈 Pekingese

🐾 **견종표준**

Pekingese :

"The coat forms a noticeable **mane** on the neck"

(가) 사자(라이언 Lion)   (나) 피킹이즈 Pekingese

그림 70. 메인 Mane

메커니즘 어브 알팩터리 센스 MECHANISM OF OLFACTORY SENSE

후각의 기능.

코를 통해 흡입된 냄새(분자)는 비공 → 비강 → 후각세포 → 후각신경 → 대뇌로 전달되어 냄새를 분석하고 결정하게 된다.

메터타르슬 본즈 METATARSAL BONES

중족골 中足骨. 뒷발허리뼈.

중족골(中足骨, 뒷발허리뼈, 메타타르슬 본 Metatarsal Bone)은 5개의 뼈로 구성되어 있으나 며느리 발톱이 퇴화되어 없는 개는 4개로 구성된다. 족근골(足根骨, 뒷발목뼈, 타르설 본 Tarsal Bone)과 지골(肢骨, 퍼랜지즈 페디스 Phalanges Pedis)을 연결하는 부위로 지구력이 좋은 개는 짧고 속도가 빠른 개는 길다.

몰레라 MOLERA

숫구멍.

전두골(前頭骨, 이마뼈, 프런틀 본 Frontal Bone)과 두정골(頭頂骨, 마루뼈, 퍼라이어틀 본 Parietal Bone) 사이에 있는 천문 또는 숫구멍을 말한다. 두개골의 골화(骨化, 아서퍼케이션 Ossification) 작용이 불완전하거나 미완성된 상태로 대게 강아지의 두개골이 완전히 골화하지 못하고 맥박에 따라 움직이는 숨골을 가리킨다. 정수리에 가장 많이 나타난다. 일부 치와와 Chihuahua는 두개골이 움푹 패어 들어가거나 부드러운 부분을 가지고 있다. 숫구멍은 크기와 모양이 매우 다양하다. 일부 패펄란 Papillon도 숫구멍을 가지고 있는 것으로 알려져 있다. 견종표준에는 결점으로 표기되어 있지는 않지만 바람직하지 않다.

🐾 **견종예시 :** 치와와 Chihuahua, 피머레이니언 Pomeraian

🐾 **견종표준**

Chihuahua :

"Head: A well rounded 'apple dome' skull, with or without **molera**."

Pomeraian :

"Skull - closed, …"

두개골 확장 이음선
Expansion Joint of Skull

몰레라
Molera 또는 Soft Spot

그림 71. 몰레라 Molera : 치와와 Chihuahua

몰트 MOULT

몰팅 MOLTING 참조.

몰팅 MOLTING

털갈이.

자연스러운 계절적 털갈이를 말하며 보통 늦은 봄에 시작해 여름에 끝나며 가을에 다시 시작된다.

바디 BODY

몸통.

앞다리와 뒷다리 사이의 기본이 되는 몸체로 앞쪽의 가슴부와 뒤쪽의 복부로 되어 있으며 상부는 흉추(胸椎, 등뼈, 서래식 버르터브러Thoracic Vertebrae)와 요추(腰椎, 허리뼈, 럼버르 버르터브러 Lumbar Vertebrae)로 이루어진다. 또 하부는 흉골(胸骨, 복장뼈, 스터르넘 Sternum)과 근육질의 피부로 쌓여 있다. 몸통 내부는 흉강과 복강으로 나뉘는데 경계가 되는 것이 횡격막(橫隔膜, 다이어프램 Diaphragm)이다.

바이브리서 VIBRISSA

택틸 위스커르스 TACTILE WHISKERS 참조.

바이트 BITE

교합 咬合. 맞물림.

개가 입을 다물고 있을 때 윗니와 아랫니가 서로 맞물린 상태를 말한다. 개의 치아 교합은 일반적으로 시저르즈 바이트 Scissors Bite(가위교합), 레벨 바이트 Level Bite(절단교합), 오버르샷 바이트 Overshot Bite(상악전출교합), 언더르샷 바이트 Undershot Bite(하악전출교합)의 4가지 유형으로 분류된다.

바이트 타입스 BITE TYPES

교합 유형.

바이트 타입스 Bite Types	대표 견종	참조
레벨바이트 Level Bite	몰티즈 Maltese	그림 72
시저즈 바이트 Scissors Bite	펨브룩 웰시 코르기 Pembroke Welsh Corgi	그림 73
언더샷 바이트 Undershot Bite	박서르 Boxer 불독 Bulldog	그림 74, 75
오버샷 바이트 Overshot Bite	—	그림 76

🏠 레벌 바이트 Level Bite

절단교합. 切斷咬合.

입을 다물었을 때 위, 아래턱의 앞니가 펜치 또는 족집게처럼 끝이 딱 맞아 떨어져 접합하는 교합을 말한다. 정확한 치아의 위치보다는 위턱과 아래턱이 동일한 길이를 가지고 있는 것을 말하기도 한다. 골던 리트리버 Golden Retriever에서는 바람직하지 않으나 허용한다. 다양한 견종에서 절단교합이 나올 수 있다. 그러나 허용을 하는 견종도 있고 결점으로 보는 견종도 있다. 예를 들면 말티즈는 허용한다. 원산지가 독일인 견종(저르먼 셰퍼르드 독 German Shepherd Dog, 도베르만 핀셔르 Doberman Pinscher 등)은 허용하지 않는 경향이 있다.

🐕 **견종예시 :** 골던 리트리버 Golden Retriever, 몰티즈 Maltese, 스카티시 테리어르 Scottish
　　　　　　Terrier

⚙ **견종표준**

Golden Retriever :

"a **level bite** (incisors meet each other edge to edge) is undesirable, …"

Scottish Terrier :

"having either a scissor or **level bite**, the former preferred."

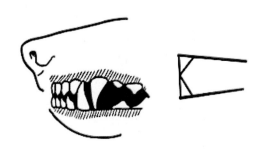

그림 72. 레벨 바이트 Level Bite

🏠 멀러클루전 Malocclusion

부정교합 不正咬合. 이상교합.

견종의 표준이 요구하는 이외의 교합은 모두 부정교합이라고 한다. 일반적으로 언더르샷 바이트 Undershot Bite를 부정교합으로 보는 견종이 압도적으로 많다. 그러나 단두종 중 언더르샷을 정상으로 보는 것도 있다. 이외의 조렵견은 통상 레벨 바이트 Level Bite 또는 시저르즈 바이트 Scissors Bite가 정상이다. 단, 오버르샷 바이트 Overshot Bite을 정상으로 하는 견종은 없다.

🏠 미설라인드 바이트 Misaligned Bite

비정렬 교합.

이레귤러르 바이트 Irregular Bite 참조.

🏠 스와인 마우스 Swine Mouth

멧돼지 입.

과도한 상악전출 교합으로 아래턱이 약해서 과도한 상악전출교합인 턱을 설명할 때 사용한다.

오버르샷 바이트 Overshot Bite 참조.

🏠 시저르즈 바이트 Scissors bite

협상교합 鋏狀咬合. 가위교합.

견종의 표준에서 요구되는 교합이다. 견종에 따라 요구되는 교합이 달라 어떤 견종에서는 정상이나 또 다른 견종에서는 잘못된 교합이 될 수 있다. 그러나 일반적으로 시저르즈 바이트를 정상교합으로 하는 견종이 많다. 가장 이상적인 가위교합은 윗니가 아랫니의 약 1/3 정도 덮고 윗니의 안쪽과 아랫니의 바깥쪽이 맞닿아있어야 한다.

🐶 **견종예시** : 펨브룩 웰시 코르기 Pembroke Welsh Corgi

🐾 **견종표준**

Pembroke Welsh Corgi :

"Mouth - **Scissors bite**"

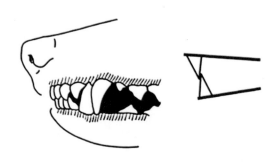

그림 73. **시저르즈 바이트** Scissors bite

🏠 **에지 투 에지 바이트 Edge to Edge Bite**

레벌 바이트 Level Bite 참조.

🏠 **언더르샷 바이트 Undershot Bite**

하악전출교합 下顎前出咬合.

입을 다물었을 때 상악전출과는 반대로 아래턱 앞니가 위턱의 앞니보다 앞쪽으로 나온 교합. 위 송곳니가 아래 송곳니에 최대한 접근한 것이 바람직하다.

🐶 **견종예시** : 박서르 Boxer, 불독 Bulldog, 시주 Shih Tzu

🐾 **견종표준**

Boxer :

"The Boxer bite is **undershot**, ··· "

Bulldog :

"Bite - ··· **undershot**,"

Shih Tzu :

"Bite - **Undershot**."

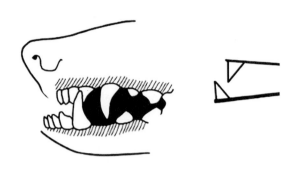

그림 74. **언더르샷 바이트** Undershot Bite

그림 75. **불독** Bulldog : 입을 다물었을 때 치아가 보이면 언더르샷 바이트가 너무 심한 것으로 결점이 된다.

🏠 오버르샷 바이트 Overshot Bite

피개교합 被蓋咬合. 상악전출교합 上顎前出咬合.

입을 다물었을 때 위턱의 앞니가 아래턱의 앞니보다 앞쪽으로 나온 교합. 오버르샷
바이트를 인정하는 견종은 없다. 즉, 공인 견종에서 오버르샷 바이트는 중대 결점으
로 판단한다.

🐾 **견종예시** : 골던 리트리버 Golden Retriever, 그레이트 데인 Great Dane

🐾 **견종표준**

Golden Retriever :

"Undershot or **overshot bite** is a disqualification."

Great Dane :

"An **overshot bite** is a serious fault."

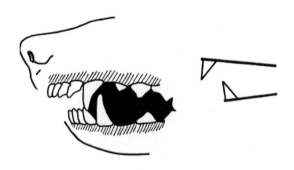

그림 76. **오버르샷 바이트** Overshot Bite

🏠 이레귤러르 바이트 Irregular Bite

불규칙 교합.

위턱 또는 아래턱의 앞니 중 한 개 혹은 그 이상이 비정상적으로 자라난 것을 말한다.

🏠 이번 바이트 Even Bite

레벌 바이트 Level Bite 참조.

🏠 피그 마우스 Pig Mouth

돼지 입.

과도한 상악전출 교합으로 아래턱이 약해서 과도한 상악전출 교합인 턱을 설명할 때
사용한다.

오버르샷 바이트 Overshot Bite 참조.

🏠 피그 조 Pig Jaw

돼지 턱.

과도한 상악전출 교합으로 아래턱이 약해서 과도한 상악전출 교합인 턱을 설명할 때 사용한다.

오버르샷 바이트 Overshot Bite 참조.

🏠 피그-조드 마우스 Pig-Jawed Mouth

돼지 턱 교합.

오버르샷 바이트 Overshot Bite 참조.

🏠 핀서르 바이트 Pincer Bite

레벌 바이트 Level Bite 참조.

배부 BACKWARD AREA OF THE BACK

등의 뒤쪽 부분.

흉추 10~13번까지 4개의 흉추가 있는 부분.

백 BACK

등.

일반적으로 견갑(肩胛, 위더스 Whithers) 바로 뒤에서부터 흉추 13번까지를 말한다. 등은 생리적 기능의 목적으로 보았을 때 다음과 같은 특징을 가지고 있어야 한다. 첫 번째, 강인하면서도 견고해야 한다. 이는 상대적으로 넓고 잘 발달되어 있어야 한다는 것을 의미하는데 특히 허리나 연결부위는 발달된 근육에 의해서 올라온 것처럼 보여야 한다. 두 번째, 후지를 기점으로 추진력을 앞쪽에 효율적으로 전달하기 위해 수평이면서 일직선상을 이루는 것이 바람직하다. 예를 들면, 견갑에서 지면까지의 높이와 허리에서 지면까지의 높이가 동일한 길이거나 견갑에서 엉덩이까지 약간 경사져 있는 것을 말한다. 세 번째, 길이는 약 10:9의 비율로 어깨의 높이를 약간 초과해야 한다. 그러나 긴 다리를 가진 견종 중에서 옆에서 보아 윤곽선의 융기나 이완이 있어도 문제가 되지 않는다.

백 라인 BACK LINE

등 선.

견갑 바로 뒤에서 시작하여 **셋온**(Set-on, 요각)에서 끝나는 위쪽의 등선 혹은 윤곽선.

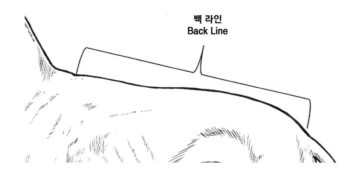

백 라인
Back Line

그림 77. **백** 라인 Back Line

백 타입스 BACK TYPES

등 유형.

백 타입스 Back Types	대표 견종	참조
레벨 백 Level Back	버센지 Basenji 그레이트 데인 Great Dane	그림 78
로치 백 Roach Back	베들링턴 테리어르 Bedlington Terrier 불독 Bulldog	그림 79
새들 백 Saddle Back	댄디 딘만트 테리어르 Dandie Dinmont Terrier	그림 80
숏 백 Short Back	와이어르 팍스 테리어르 Wire Fox Terrier	그림 81
슬로핑 백 Sloping Back	어메리컨 카커르 스패니얼 American Cocker Spaniel	그림 82
카멜 백 Camel Back	보르조이 Borzoi	그림 84
할로 백 Hollow Back	댄디 딘만트 테리어르 Dandie Dinmont Terrier	그림 85

🏠 다운힐 Downhill Back

경사진 등.

슬로핑 백 Sloping Back 참조.

🏠 디피 백 Dippy Back

할로 백 Hollow Back 참조.

🏠 레벨 백 Level Back

수평 등.

옆에서 보아 수평인 등선을 구성한다. 가장 바람직한 등이다. 허리가 미세한 아치가 있다고 하더라도 10~13번 흉추 위의 등이 수평인 것을 말한다. 견갑에서 셋온(요각)까지 수평을 유지하며 견갑 부위가 약간 높다.

🐕 **견종예시** : 버센지 Basenji 등 대부분의 견종

🐾 **견종표준**

Basenji :

"Topline-**Back level**."

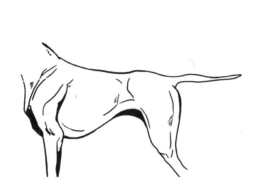 

(가) 레벨 백 Level Back　　　　(나) 그레이트 데인 Great Dane

그림 78. 레벨 백 Level Back

🏠 로치 백 Roach Back

잉어 등.

등선이 허리 방향으로 가운데가 높게 완곡을 이루거나 아치를 이룬 등을 말한다. AKC에서는 휠 백 Wheel Back이라고 표현하며 동일한 의미이다.

🐾 **견종예시** : 베들링턴 테리어 Bedlington Terrier, 불독 Bulldog

🐾 **견종표준**

Bulldog :

"Topline - ⋯ termed **"roach back"** or, more correctly, "wheel-back." "

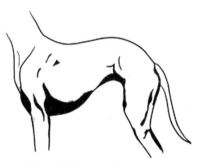

(가) 로치 백 Roach Back   (나) 베들링턴 테리어 Bedlington Terrier

그림 79. 로치 백 Roach Back

🏠 새들 백 Saddle Back

안장 모양 등.

홀로우 백 Hollow Back, 스웨이 백 Sway Back과 유사하다. 견갑 뒤쪽이 우묵하게 패이고 긴 등을 말한다.

🐾 **견종예시** : 브리터니 Brittany

🐾 **견종표준**

Brittany :

"Back-Short and straight. Never hollow, **saddle**, sway or roach backed."

그림 80. 새들 백 Saddle Back : 댄디 딘만트 테리어르 Dandie Dinmont Terrier

🏠 숏 백 Short Back

짧은 등.

견갑의 높이보다 짧은 등을 말한다.

👤 **견종예시** : 박서르 Boxer, 와이어르 팍스 테리어르 Wire Fox Terrier

🐾 **견종표준**

Boxer :

"The back is **short**, …"

Wire Fox Terrier :

"The back should be **short** …"

그림 81. 숏 백 Short Back : 와이어르 팍스 테리어르 Wire Fox Terrier

🏠 스왐피 백 Swampy Back

할로 백 Hollow Back 참조.

🏠 스웨이 백 Sway Back

패인 등.

할로 백 Hollow Back 참조.

🏠 슬로핑 백 Sloping Back

경사진 등.

견갑에서 셋온 Set-on쪽으로 미세한 경사를 말한다. 이러한 구성은 도베르만 핀셔르 Doberman Pinscher, 어메리컨 카커르 스패니얼 American Cocker Spaniel 등 수많은 견종표준에서 요구하고 있다. 올드 잉글리시 십독 Old English Sheepdog, 체서피그 베이 리트리버르 Chesapeake Bay Retriever와 같은 반대의 경사를 허용하는 견종도 있다.

🐕 **견종예시** : 얼래스컨 맬러뮤트 Alaskan Malamute, 올드 잉글리시 십독 Old English Sheepdog

🐾 **견종표준**

Alaskan Malamute :

"The back is straight and gently **sloping** to the hips"

Old English Sheepdog :

"Topline - Stands lower at the withers than at the loin with no indication of softness or weakness. Attention is particularly called to this topline as it is a distinguishing characteristic of the breed."

그림 82. **슬로핑 백 Sloping Back** : 어메리컨 카커르 스패니얼 American Cocker Spaniel

🏠 오버 빌드 백 Over Build Back

과잉 등.

근육이 지나치게 발달해 엉덩이 방향으로 근육이 모여 건장해 보이기보다는 근육 과잉의 인상을 주는 외관의 등.

그림 83. **오버 빌드 백 Over Build Back : 어메리컨 스태퍼르드셔르 테리어르 American Staffordshire Terrier**

🏠 카르프 백 Carp Back

잉어 등.

로치 백 Roach Back과 비슷한 의미. 어깨 뒤쪽의 저하가 근소한 것이 차이다.

🏠 카멜 백 Camel Back

낙타 등.

낙타처럼 아치가 진 등을 의미하며 먼저 어깨 뒤쪽이 낮고 이어 허리 부분이 눈에 띄게 아치를 가지고 있으며 엉덩이가 하강한 등선의 등을 말한다. 흉추 13번과 요추 1번이 만나는 곳이 정점이 된다.

🐾 **견종예시** : 보르조이 Borzoi

🐾 **견종표준**

Borzoi :

"Back: Rising a little at the loins in a **graceful curve**."

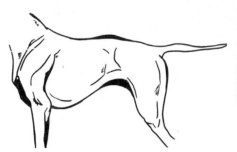

(가) 카멜 백 Camel Back

(나) 보르조이 Borzoi

그림 84. 카멜 백 Camel Back

🏠 **할로 백 Hollow Back**

움푹한 등.

카멜 백 Camel Back(낙타 등 모양)과 반대로 견갑과 관골 사이의 등선이 움푹하게 패여 완곡이 진 등을 말한다. 할로 백은 대부분의 견종에서 결점으로 고려된다. 단 댄디 딘만트 테리어르 Dandie Dinmont Terrier는 예외이다.

🐾 **견종예시** : 댄디 딘만트 테리어르 Dandie Dinmont Terrier, 보스턴 테리어 Boston Terrier

🐾 **견종표준**

Boston Terrier :

"Serious Body Faults - Roach back, **sway back**, slab-sided."

Dandie Dinmont Terrier :

"The topline is rather low at the shoulder, having a slight downward curve and a corresponding arch over the loins, with a very slight gradual drop from the top of the loins to the root of the tail."

(가) 할로 백 Hollow Back　　　　　(나) 댄디 딘만트 테리어르 Dandie Dinmont Terrier

(다) 니어팔러턴 매스티프 Neapolitan Mastiff – 잘못된 경우

그림 85. 할로 백 Hollow Back

험프 백 Hump Back

카멜 백 Camel Back 참조.

휠 백 Wheel Back

바퀴 모양 등.

로치 백 Roach Back과 동일한 의미.

낙타 등보다 더 큰 곡변을 가지고 있는 형태로 허리의 상부가 눈에 띄게 아치를 이루고 있는 등선이다.

🐕 **견종예시** : 베들링턴 테리어 Bedlington Terrier, 보르조이 Borzoi, 불독 Bulldog

🐾 **견종표준**

Borzoi :

"Back: Rising a little at the loins in a graceful curve."

Bulldog :

"Topline – ⋯ termed 'roach back' or, more correctly, '**wheel-back.**'"

밸런스 BALANCE

조화.

밸런스는 다음과 같은 경우에 사용되는 용어이다. ① 움직이거나 서 있을 때에 개의 모든 부분들이 어울린다는 느낌을 주었을 때. ② 개 신체의 각 부위들이 전체적으로 어울리는 비율을 가지고 있을 때. ③ 견종표준에서 묘사하고 있는 개별적 요소 또는 특질이 어느 하나도 과하지 않아 어울리는 것처럼 보일 때. ④ 개 전체를 설명할 때에도 사용되는데 전구와 후구가 동일한 비율을 가지고 있을 때.

버르 BURR

융기.

귓볼을 뒤쪽으로 접거나 눕혔을 때 나타나는 외이관 안쪽의 연골이 돌출된 것.

🐕 **견종예시** : 불독 Bulldog

🐾 **견종표준**

Bulldog :

"The rose ear folds inward at its back lower edge, the upper front edge curving over, outward and backward, showing part of the inside of the **burr.**"

Saint Bernard :

"Ears – Of medium size, rather high set, with very strongly developed **burr** (Muschel) at the base"

그림 86. 버르 Burr : 불독 Bulldog

버턱스 BUTTOCKS

궁둥이.

볼기의 아랫부분.

앉으면 바닥에 닿는 부분. 상부는 엉덩이 부위와 융합하고 하부는 대퇴부와 융합하는 몸통 후단의 근육이 풍부한 부위를 말한다.

벤트럴 VENTRAL

배쪽.

배에 대한 해부학적 용어.

도르슬 Dorsal의 반대 개념.

벨리 BELLY

배.

허리 아래에 있는 복부의 복강바닥을 말한다. 배는 근육, 조직, 피부로 구성되어 있다.

보머러네이슬 오르건 VOMERONASAL ORGAN

보습코 기관.

제이커슨즈 오르건 Jacobson's Organ 참조.

보시 숄더르스 BOSSY SHOULDERS

비대한 어깨.

어깨 근육이 과잉으로 발달해 두꺼워진 상태.

그림 87. **보시 숄더르스** Bossy Shoulders : 어메리컨 핏 불 테리어르 American Pit Bull Terrier

붓털 HAIR OF BRUSH TIP

필모 筆毛.

앞발, 뒷발, 발가락 사이에 길게 자라난 피모로 마치 붓 끝과 같다고 해서 붙여진 이름이다.

브리스켓 BRISKET

전흉부 前胸部.

목에 연결되는 부분으로 늑골이 가장 근접한 전지 사이에 위치한다. 몸통 앞쪽에 해당하는 가슴 아랫부분을 말한다.

전흉부
Brisket

그림 88. **브리스켓 Brisket**

브리치즈 BREECHES

반바지 모양의 털.

트라우저르 TROUSER 참조.

다음 3가지의 의미를 가지고 있다. ① 대퇴와 하퇴의 후면에 있는 긴 장식털을 의미하며 견종으로는 잉글리시 세터르 English Setter, 케이스한드 Keeshond가 있다. ② 대퇴와 하퇴의 전후면 사이에 짧은 털을 가지고 있는 견종에서 능선처럼 자란 긴 털을 의미하며 견종으로는 도베르먼 핀셔르 Doberman Pinscher가 있다. ③ 매우 특별한 경우로 맨체스터르 테리어르 Manchester Terrier처럼 뒷다리 후면에 자란 황갈색의 털을 말하기도 한다.

🐾 **견종표준**

Papillon :

"Hind legs are covered to the hocks with abundant **breeches** (culottes)."

Rottweiler :

"The coat is shortest on head, ears and legs, longest on **breeching.**"

(가) 브리츠 Breeches ① 유형

(나) 얼래스컨 맬러뮤트 Alaskan Malamute

(다) 애프갠 하운드 Afghan Hound

그림 89. 브리츠 Breeches ① 유형

그림 90. 브리츠 Breeches ② 유형

브리칭 BREECHING

엉덩이 띠.

비절 위쪽의 대퇴부에서 뒤의 바깥쪽에 길고 두꺼운 털. 블랙 앤 탠 Black and Tan 개의 대퇴부 안쪽과 후방의 탠 반점.

트라우저르 TROUSER 참조. 브리치즈 BREECHES 참조.

🐾 견종예시 : 라트와일러르 Rottweiler, 맨체스터르 테리어르 Manchester Terrier

🐾 견종표준

Alaskan Malamute :

"The coat is relatively short to medium along the sides of the body, with the length of the coat increasing around the shoulders and neck, down the back, over the rump, and in the **breeching** and plume."

Belgian Tervuren :

"The underparts of sthe body, tail, and **breeches** are cream, gray, or light beige."

Manchester Terrier :

"**The outside of the hind legs should be black.** There should be tan under the tail, and on the vent, but only of such size as to be covered by the tail."

Papillon :

"Hind legs are covered to the hocks with abundant **breeches** (culottes)."

Rottweiler :

"The coat is shortest on head, ears and legs, longest on **breeching**."

그림 91. **브리칭** Breeching : 라트와일러르 Rottweiler

블로 BLOW

몰팅 MOLTING 참조.

블론 코트 BLOWN COAT

몰팅 MOLTING 참조.

블룸 BLOOM

최상의 피모.
피모가 최고의 상태로 광택과 윤기가 흐르는 것으로 가장 좋은 상태의 피모를 의미한다.

비어르드 BEARD

턱수염.
입주위에 난 피모를 총칭하는 말로 그 범위가 정확치는 않으나 아래턱에 난 비교적 두껍고 긴 털로 대게 턱수염이라고 한다.

🐕 **견종예시** : 비어르디드 칼리 Bearded Collie, 부비에 데 플랑드르 Bouvier des Flandres

🐾 **견종표준**

Bearded collie :

"From the cheeks, the lower lips and under the chin, the coat increases in length towards the chest, forming the typical **beard**."

Bouvier des Flandres :

"Mustache and **beard** very thick, with the hair being shorter and rougher on the upper side of the muzzle."

(가) 비어르디드 칼리 Bearded Collie　　(나) 부비에 데 플랑드르 Bouvier des Flandres

그림 92. 비어르드 Beard

비피 BEEFY

과중한 체형.

과도한 중량의 개로 지방이 아닌 살과 근육에 의해서 지나치게 근육이 많은 동물을 설명할 때 사용되는 구어적 용어. 특히 후구의 발달이 심할 때 사용한다.

그림 93. 비피 BEEFY : 어메리컨 핏 불 테리어르 American Pit Bull Terrier

사운드 SOUND

견실한.
개가 결점이나 기형(奇形), 결함(缺陷), 쇠퇴(衰退/衰頹)가 없어 약화되지 않고 건강하고 튼튼하며 질병이 없는 상태.

사운드니스 SOUNDNESS

견실.
견종표준에서 요구하는 각 견종 고유의 용도에 맞게 기능을 수행할 수 있는 신체적·정신적 상태.

사이 THIGH

대퇴 太股. 넙다리.
큰 개념에서 대퇴(사이 Thigh 또는 어퍼 사이 Upper Thigh)와 하퇴(로어 사이 Lower Thigh)를 모두 포함한 뒷다리의 영역으로 해부학적으로 엉덩관절(힙 조인트 Hip Joint)에서부터 비절(飛節, 학 조인트 Hock Joint)까지의 영역이며, 특히 대퇴골(大腿骨, 넙다리뼈, 피머르 Femur)이 있는 영역으로 엉덩관절에서 무릎관절(스타이플 조인트 Stifle Joint) 사이를 말한다.

🏠 내로 사이 Narrow Thigh

좁은 대퇴.
폭이 좁은 대퇴부를 말하는 것으로 이런 대퇴부는 근육 발달이 불충분해 강함이 결여된 빈약한 후지를 갖게 된다. 운동부족이 주원인이다.

로어르 사이 Lower Thigh

하퇴 下腿.

하퇴는 무릎관절(스타이플 조인트 Stifle Joint)에서부터 비절(飛節, 학 조인트 Hock Joint)까지의 영역으로 해부학적으로는 경골(脛骨, 정강뼈, 티비어 Tibia)과 비골(腓骨, 종아리뼈, 피불러 Fibula)이 있는 외부 영역이며 이 뼈를 하퇴골(下腿骨)이라 한다.

세컨드 사이 Second Thigh

로어르 사이 Lower Thigh 참조.

서브스턴스 SUBSTANCE

실체 實體.

개의 크기에 비례한 뼈, 특히 다리뼈와 근육의 양을 언급할 때 사용한다. 예를 들면, 튼튼한 실체를 가지고 있는 개는 전체적 구조·강도와 관련하여 뼈의 크기·힘의 강도·밀도가 잘 발달되어 있다는 것을 의미한다.

견종표준

Great Pyrenees :

"Substance - The Great Pyrenees is a dog of medium substance whose coat deceives those who do not feel the bone and muscle."

Samoyed :

"Substance is that sufficiency of bone and muscle which rounds out a balance with the frame."

세딩 SHEDDING

몰팅 MOLTING 참조.

센트 하운드 SCENT HOUND

후각 하운드.

하운드는 센트 하운드(Scent Hound, 후각 하운드)와 사이트 하운드(Sight Hound, 시각 하운드)로 구별되는데 후각 하운드의 경우 후각 신경이 매우 발달해 사냥감이 지나간 자리에 남은 극히 미세한 냄새도 탐지하여 추적할 수 있는 능력의 개이다. 지면에 낮게 코를 들이대고 냄새의 흔적을 더듬는 것이 특징이다.

견종예시 : 어메리컨 블랙 언 탠 쿤하운드 American Black and Tan Coonhound, 배싯 하운드 Basset Hound, 블루 드 가스코 Bleu de Gascogne, 비글 Beagle

그림 94. **센트 하운드 Scent Hound :** 블루 드 가스코 Bleu de Gascogne

셋온 SET-ON

꼬리 부착점.

꼬리와 몸통이 접합된 곳으로 즉 꼬리의 뿌리부이다. 그 부착점의 위치에 고저가 있어 유지 상태에 영향을 미친다.

🏠 로우 셋 테일 Low Set Tail

낮은 위치 꼬리.

하이 셋 테일 High Set Tail과 반대로 꼬리의 부착점의 위치가 등선보다 낮은 것을 의미한다. 로우 셋 테일은 늘어진 꼬리를 한 견종의 경우 두드러지지 않으나 직립 꼬리를 갖는 개의 경우에는 아름다움과 조화로움을 해치는 결점이 된다.

🐶 **견종예시 :** 잉글리시 카커르 스패니얼 English Cocker Spaniel

🐾 **견종표준**

English Cocker Spaniel :

"Tail-Docked. Set on to conform to croup. Ideally, **the tail is carried horizontally** and is in constant motion while the dog is in action. Under excitement, the dog may carry his tail somewhat higher, but not cocked up."

그림 95. **로우 셋 테일 Low Set Tail :** 잉글리시 카커르 스패니얼 English Cocker Spaniel

🏠 하이 셋 테일 High Set Tail

높은 위치 꼬리.

꼬리 부착점이 높아 등선과 동일한 높이를 의미 한다. 엉덩이(크룹 Croup)에 의해서 꼬리의 부착점이 결정되는데 평편한 엉덩이나 골반 위의 근육이 두꺼운 경우에 꼬리의 부착점이 높아지게 될 수 있다.

🐾 **견종예시** : 브리터니 Brittany

🐾 **견종표준**

Brittany :

"Tail - Tailless to approximately four inches, natural or docked. The tail not to be so long as to affect the overall balance of the dog. **Set on high**, actually an extension of the spine at about the same level."

그림 96. **하이 셋 테일 High Set Tail** : 브리터니 Brittany

숄더 SHOULDER

어깨.

어깨뼈(견갑골) 부위로 흉추 1~9번까지 9개의 흉추가 있는 부위.

어깨에 있는 크고 불안전한 삼각형의 평편한 뼈로 일반적으로 견갑골의 경사는 수평에 대해 45°가 기준이 되나 실제 이 각도를 이루는 개는 적다. 경사져있는 견갑골의 가장 앞쪽으로 나와 있는 끝부분은 상완골과 연결되는데 이 부분을 **견단**(포인트 어브 숄더 Point of Shoulder)이라고 부른다.

숄더 타입스 SHOULDER TYPES

어깨 유형.

	스트레이트 숄더르스 Straight Shoulders
숄더 타입스 Shoulder Types	슬로핑 숄더르스 Sloping Shoulders
	아웃 앳 더 숄더르스 Out at the Shoulders
	인 숄더르스 In Shoulders

🏠 스트레이트 숄더르스 Straight Shoulders

직립 어깨.

뒤쪽으로 경사진 어깨와 반대로 견갑골의 경사가 거의 없어 일직선으로 서있는 형태. 견갑골의 길이와 관계가 있으며 견갑골이 길면 경사를 이루고 짧으면 서있는 경향이 있다.

🏠 슬로핑 숄더르스 Sloping Shoulders

경사진 어깨.

견갑골이 뒤쪽으로 길게 비스듬히 기울어져 있는 형태.

🏠 아웃 앳 더 숄더르스 Out at the Shoulders

외향 어깨.

견갑이 몸통에서 바깥쪽으로 향해 뻗어 나와 전구가 매우 넓어진 상태.

🏠 어블리클리 플레이스드 숄더르스 Obliquely Placed Shoulders

슬로핑 숄더르스 Sloping Shoulders 참조.

🏠 어블릭 숄더르스 Oblique Shoulders

슬로핑 숄더르스 Sloping Shoulders 참조.

🏠 업라이트 숄더르스 Upright Shoulders

수직 어깨. 직립 어깨.

스트레이트 숄더르스 Straight Shoulders 참조.

🏠 웰 레이드 백 숄더르스 Well Laid Back Shoulders

슬로핑 숄더르스 Sloping Shoulders 참조.

🏠 웰 앵귤레이티드 숄더르스 Well-angulated Shoulders

슬로핑 숄더르스 Sloping Shoulders 참조.

🏠 인 숄더르스 In Shoulders

내향 어깨.

척추와 평행하지 않는 어깨 끝. 견갑골이 앞쪽에 있는 개에게 나타나는 결점으로 이 경우 양쪽 견갑골이 어깨 관절에 지나치게 가깝게 있는 경우나 견갑골이 직립하여 어깨가 앞으로 나온 경우에 발생한다. 일반적으로 다리가 짧은 견종에서 더 많이 발견되며 팔꿈치 돌출(아웃 앳 더 엘보스 Out at the elbows)이 함께 발생한다.

숄더르 블레이드 SHOULDER BLADE

스캐펄러 Scapula 참조.

숨구멍

몰레라 Molera 참조.

스롯 THROAT

인후 咽喉.

목의 위쪽 부분. 머리와 연결되는 부분으로 **크레스트** Crest의 반대부분을 말한다.

스캐펄러 SCAPULA

견갑골 肩胛骨. 어깨뼈.

견갑골은 상대적으로 크고 평편하며 삼각형 모양의 뼈로 여러 근육들에 의해서 흉곽과 연결된다. 견갑골(어깨뼈)은 뒤쪽으로 45° 경사져 있고 전, 후방으로 15° 움직인다. 흉추골 4~5번과 연결된 근육에 의해서 후지의 원동력을 받아 앞으로 전달하는 중요한 역할을 한다.

스커르팅 SKIRTING

자락털.

와이어 털을 가지고 있는 일부 견종에서 턱업 Tuck-up에 자라는 긴 털. 미용에서는 에이프런 Apron 아랫부분의 장식 털을 의미한다.

스컬 SKULL

두개부.

머리를 구성하는 **뼈대로 전두골**(前頭骨, 이마뼈, 프런틀 본 Frontal Bone), **두정골**(頭頂骨, 마루뼈, 퍼라이어틀 본 Parietal Bone), **후두골**(後頭骨, 뒤통수뼈, 액시피틸 본 Occipital Bone), **측두골**(側頭骨, 관자뼈, 템퍼럴 본 Temporal Bone), **상악골**(上顎骨, 위턱뼈, 맥실러 Maxilla), **비골**(鼻骨, 코뼈, 네이절 본 Nasal Bone), **절치골**(切齒骨, 앞위턱뼈, 프리맥실러 Premaxilla) 등의 **뼈들이** 상호 연결되어 두개부를 형성한다.

스컬 타입스 SKULL TYPES

두개부 유형.

스컬 타입스 Skull Types	대표 견종	참조
장두형 다러코서팰릭 Dolichocephalic	보르조이 Borzoi	그림 97
중두형 메저서팰릭 Mesocephalic	시바이누 Shiba Inu	그림 98
단두형 브래키서팰릭 rachycephalic	프렌치 불독 French Bulldog	그림 99
아치드 스컬 Arched Skull	잉글리시 세터르 English Setter	그림 100
플랫 스컬 Flat Skull	팍스 테리어르 Fox Terrier	그림 101

🏠 다러코서팰릭 Dolichocephalic

장두형.

주둥이와 머리의 비례가 1:1이며 두개부가 좁고 유선형이고 턱이 길고 스피드가 좋다.
시각 하운드 Sight Hound 품종에서 찾아 볼 수 있다.

🐕 **견종예시** : 그레이하운드 Greyhound, 보르조이 Borzoi, 애프갠 하운드 Afghan Hound

그림 97. **장두형(다러코서팰릭 Dolichocephalic) : 보르조이 Borzoi**

🏠 메저서팰릭 Mesocephalic

중두형.

주둥이와 머리의 비율이 2:3이며 길이와 폭이 모두 중간 정도인 품종으로 인간이 다른 품종에 비해 개량을 덜 한 품종으로 사역견에서 많고 지구력이 좋다.

참고로 야생 늑대의 주둥이와 머리의 비율은 2:3이다.

👤 **견종예시 :** 시바이누 Shiba Inu, 저르먼 셰퍼르드 독 German Shepherd Dog, 진돗개 Jindo Dog

그림 98. **중두형(메저서팰릭 Mesocephalic) :** 시바이누 Shiba Inu

🏠 브래키서팰릭 Brachycephalic

단두형.

주둥이와 머리의 비례가 1:3(초단두형1:4)이며 협골궁의 발달로 짧고 넓은 주둥이로 무는 힘이 강하다.

👤 **견종예시 :** 보스턴 테리어르 Boston Terrier, 불독 Bulldog, 페킹이즈 Pekingese, 프렌치 불독 French Bulldog

그림 99. **단두형(브래키서팰릭 Brachycephalic) :** 프렌치 불독 French Bulldog

🏠 아치드 스컬 Arched Skull

아치형 두개골.

머리가 자연스럽게 둥근 것으로 좌우가 둥글거나 스탑에서 후두골까지가 둥글다. 이 둘 중 하나가 둥근 것을 말하며, 양쪽이 모두 둥글면 돔형이라고 한다.

🐶 **견종예시** : 잉글리시 세터르 English Setter

🐾 **견종표준**

English Setter :

"**oval when viewed from above**, of medium width, without coarseness, and only slightly wider at the earset than at the brow."

(가) 앞모습   (나) 옆모습

그림 100. **아치드 스컬 Arched Skull** : 잉글리시 세터르 English Setter

🏠 플랫 스컬 Flat Skull

평평한 두개골.

앞 혹은 옆에서 보아 평편한 두개골을 말한다. 옆에서 보았을 때 주둥이의 탑라인 Topline과 두개골의 탑라인이 평행하다.

🐶 **견종예시** : 스탠더르드 슈나우저르 Standard Schnauzer, 에어르데일 테리어르 Airedale Terrier,
와이어르 팍스 테리어르 Wire Fox Terrier

ㅅ · 125

🐾 견종표준

Airedale Terrier :

"The skull should be long and **flat**,…"

Wire Fox Terrier :

"The topline of the skull should be almost **flat**,… "

그림 101. **플랫 스컬 Flat Skull : 팍스 테리어르 Fox Terrier**

스킨 SKIN

피부.

피부는 **표피**(表皮, 에퍼더르머스 Epidermis 또는 아우터르모스트 레이어르 Outermost Layer), **진피**(眞皮, 더르미스 Dermis 또는 미들 레이어르 Middle Layer), **피하**(皮下, 서브큐티스 Subcutis 또는 서브큐테인이어스 레이어르 Subcutaneous Layer)로 구성되며 개 체중의 12~24%를 차지한다. 병원체의 침입이나 손상으로부터 신체를 보호하는 역할을 한다. 피하에 지방을 축척하고 비타민 D를 합성하지만 땀샘이 퇴화해 체온 조절기능이 떨어진다. 피부는 촉각(觸覺, 센스 어브 택틀 Sense of Tactile), **온도감각**(溫度感覺, 템러러처르 센스 Temperature Sense - 온각(溫覺, 센스 어브 힛 Sense of Heat), 냉각(冷覺, 센스 어브 쿨 Sense of Cool), 통각(痛覺, 센스 어브 페인 Sense of Pain), 압각(壓覺, 센스 어브 프레서르 Sense of Pressure)) 등의 감각기관이며 신체 부위에 따라 두께가 다르다. 긴장, 이완, 색소침착(色素沈着, 피그먼테이션 Pigmentation)을 비롯한 개의 건강상태가 미묘하게 반영된다.

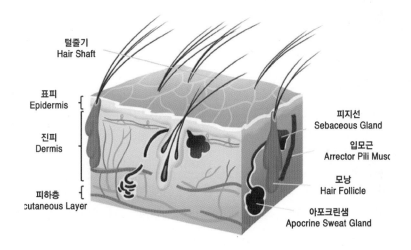

그림 102. **스킨 구조 Skin Anatomy**

🏠 쉰 어브 스킨 Sheen of Skin

피모의 윤기.

피지선(皮脂腺, 오일 글랜드스 Oil Glands 또는 시베이셔스 글랜드스 Sebaceous Glands)은 **피지**(皮脂, 시범 Sebum)라고 불리는 기름진 물질을 **모낭**(毛囊, 헤어르 팔리클 Hair Follicle, 팔리큘러스 파일라이 Folliculus Pili)과 피부에 분비한다. 피지선은 발, 목, 엉덩이, 턱 및 꼬리 부분에 분포되어 있다. 피지는 지방산의 혼합물로 피부를 부드럽고 촉촉하며 유연하게 유지하는 데 중요하며 모발에 윤기를 주고 항생작용을 한다. 그러나 질병이나 영양부족, 기생충 등으로 피지선이 기능 장애를 일으키거나 분비물이 감퇴하면 피모에 윤기가 사라지고 건조해진다.

스타이플 조인트 STIFLE JOINT

무릎관절.
대퇴골과 하퇴골을 연결하는 관절부로 무릎부라고도 한다.

스타키 STOCKY

옹골진 몸통.
카비 Cobby 참조.

스탑 STOP

액단.
미간은 양 눈 사이를 말하는 것으로 사람에게 사용되는 용어이다. 개의 경우는 주둥이와 두개골의 경계 지역으로 비골과 전두골이 만나는 양쪽 눈 사이의 중간에 위치한 부분을 말한다. 스탑은 견종에 따라 깊고 얕음의 차이가 있다. 스탑이 깊어질수록 앞면 시야의 확보는 용이하나 각 눈이 볼 수 있는 옆면 시야는 제한된다. 스탑은 머리가 짧은 견종은 잘 발달되어 있고 머리가 상대적으로 긴 견종은 덜 발달되어 있다. 칼리 Colli나 그레이하운드 Greyhound는 거의 알 수 없을 정도로 얕으나 불독 Bulldog과 카커르 스패니얼 Cocker Spaniel은 매우 깊다.

(가) 단두형 : 잉글리시 불독 English Bulldog

(나) 장두형 : 이탈리언 그레이하운드
Italian Greyhound

그림 103. **스탑 Stop**

자세 姿勢.

개가 자연스럽게 서있는 모습.

🏠 광답자세 廣踏姿勢

① 앞에서 보았을 때 전지의 하부가 상부보다 벌어져 있는 자세. 흉폭(胸幅)이 좁은 개에서 많이 나타난다.

② 뒤에서 보았을 때 후지의 대퇴가 넓게 벌어져 양쪽 지부(指部)의 간격이 넓은 자세.

🏠 전고자세 前高姿勢

후구에 비해 전구가 높은 자세.

🏠 전답자세 前踏姿勢

옆에서 보았을 때 정상적 위치보다 앞쪽을 디디고 서있는 자세.

🏠 후고자세 後高姿勢

전고자세와 반대로 후구가 전구에 비해 높은 자세.

> 🐶 **견종예시** : 불독 Bulldog, 프렌치 불독 French Bulldog

🏠 현답자세 弦踏姿勢

① 앞에서 보았을 때 전지가 아래로 향함에 따라 서로 근접, 팔꿈치 바깥쪽으로 빠져 나가있는 자세이다. 외전(外轉)의 원인이 된다.

② 뒤에서 보았을 때 후지의 비절 이하가 서로 가까이 있는 자세이다.

🏠 후답자세 後踏姿勢

전답자세의 반대로 정상적 위치보다 뒤쪽으로 물러나 있는 자세.

🏠 O자형 자세

X자형 자세와 반대.

① 앞에서 보았을 때 전지의 팔꿈치 관절이 바깥쪽으로 벌어져 전완부와 발목 이하가 접근한 올바르지 못한 자세.

② 뒤에서 보았을 때 후지의 비절부가 바깥쪽으로 벌어지고 지부가 접근한 올바르지 못한 자세.

🏠 **X자형 자세**

① 앞에서 보았을 때 전지의 양쪽 수근 관절부가 서로 안쪽으로 접근함에 따라 지부가 바깥쪽으로 벌어진 불안전한 자세.

② 후지가 X자형인 자세는 카우 학스 Cow Hocks라고도 한다.

스터른 STERN

꽁무니.

테일 Tail의 동의어.

일부 조렵견과 시각하운드 Sighthound견종에서 꼬리를 설명할 때 사용되는 용어이다. 개의 뒤 부분을 설명할 때에도 사용된다. 하운드와 테리어 견종 중에서 비교적 짧은 꼬리를 말한다.

🐕 **견종예시** : 보더르 테리어 Border Terrier, 블러드하운드 Bloodhound

🐾 **견종표준**

Bloodhound :

"**Stern**-The stern is long and tapering, and set on rather high, with a moderate amount of hair underneath."

Border Terrier :

"Tail moderately short, thick at the base, then tapering. ⋯ When at ease, a Border may drop his **stern**."

그림 104. **스터른 Stern** : 보더르 테리어 Border Terrier

스터르넘 STERNUM

흉골.

흉골은 8개의 뼈로 구성되어 있으며 8개의 흉골 중에서 가장 앞의 흉골을 **흉골병**(프로스터르넘 Prosternum, 머뉴프리엄 Manubrium)이라고 하고 흉골병의 앞부분이 **흉골단**(포인트 어브 프로스터르넘 Point of Prosternum)이다.

스테이션 STATION

다리 길이의 비율에 대한 상대적 위치.

하이 스테이션 High Station과 **로우 스테이션** Low Station이 있다.

구분	기준
하이 스테이션 High Station	지면에서 팔꿈치까지의 길이 〉 견갑의 최정점에서 팔꿈치까지의 길이
로 스테이션 Low Station	지면에서 팔꿈치까지의 길이 〈 견갑의 최정점에서 팔꿈치까지의 길이

십자부 INTERSECTIONAL PART OF SACRUM

요부(腰部)에서 엉덩이 부분으로 옮겨가는 부위로 천추가 있는 부위를 말한다. 이 부분이 느슨해지면 후지를 시작으로 하는 추진력에 중대한 손실을 줄 수 있으므로 중대한 결점이 된다.

아르터피셜 인세머네이션 ARTIFICIAL INSEMINATION

인공수정 人工受精.

인공적인 방법으로 수컷 정자를 암컷 생식기관에 주입하는 것.

아르티큐럿 ARTICULATE

아르티큐레이션 Articulation 참조.

아르티큐레이션 ARTICULATION

관절 關節.

2개 이상의 뼈가 만나는 부분.

아름핏 ARMPIT

겨드랑이.

상완부과 전완부와 만나는 팔꿈치 안쪽.

아스 칵서 OS COXAE

관골 觀骨. 볼기뼈.

관골은 천추(薦椎, 엉치뼈, 새크럼 Sacrum)와 약 30°를 이루며 장골(腸骨, 엉덩뼈, 일리엄 Ilium), 치골(恥骨, 두덩뼈, 퓨비스 Pubis), 좌골(座骨, 궁둥뼈, 이스키엄 Ischium) 3개의 뼈로 형성되어 있지만 태어날 때부터 완전하게 융합된 것이 아닌 긴 시간을 거쳐 하나의 뼈로 완성된다.

아웃 라인 OUT LINE

윤곽선.

외형상 윤곽 혹은 외형선.

아웃 어브 코트 OUT OF COAT

털 빠짐.

털갈이 시기·질병·스트레스 등의 원인으로 총체적으로 모량이 부족하거나 털이 빠지는 상태.

아이 EYE

눈.

눈구멍(안와 眼窩, 오르빗 Orbit) 안에 있는 안구(眼球)는 3개의 막으로 벽을 이룬다. 외막은 두 꺼운 섬유질로 앞쪽을 각막(角膜, 코르니어 Cornea)이라 부르고 뒤쪽을 공막(鞏膜, 스클리어러 Sclera)이라 부른다. 또 중간막은 맥락막(脈絡膜, 코로이드 Choroid), 모양체(毛樣體, 실리에리 바디 Ciliary Body), 홍채(虹彩, 아이어리스 Iris) 3부분으로 되어 있으며 망막(網膜, 레티너 Retina)은 시각을 지배한다. 개는 순막(瞬膜, 닉티테이팅 멤브레인 Nictitating Membrane, 제3안검(第三眼瞼, 티르셜 펠퍼브러 Tertial Palpebra)이 있어 눈을 감으면 동시에 좌, 우에서 안구를 덮으며 위 속눈썹(아이래쉬 Eyelash)은 있으나 아래 속눈썹은 적다.

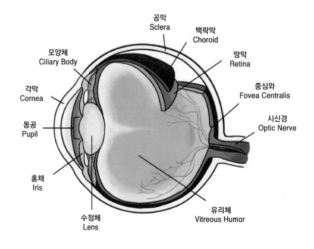

그림 105. **눈의 구조 Eye Anatomy**

아이 라인 EYE LINE

눈꺼풀의 가장자리.

그림 106. **아이 라인** Eye Line

아이리드 EYELID

눈꺼풀. 안검(眼瞼).
눈꺼풀로 안구를 보호하는 역할을 한다.

아이 사킷 EYE SOCKET

오르빗 Orbit 참조.

아이 스테인 EYE STAIN

눈물 얼룩.
만성 결막염이나 비루관(鼻淚管, 네이조래크러멀 덕트 Nasolacrimal Duct)이 폐쇄되어 눈물이 비강 내로 배출되지 않고 흘러넘쳐 눈 밑에서 얼굴 앞쪽에 걸쳐 하얀 피모를 붉게 물들임으로써 더럽혀지거나 손상된 상태.

그림 107. 아이 스테인 Eye Stain : 푸들 Poodle

아이어리스 IRIS

홍채(虹彩).
눈의 동공 주위에 있는 막으로 모양체와 연결되어 있다. 홍채는 확장 또는 수축함으로써 동
공을 통해 눈 내부로 들어가는 빛의 양을 조절한다.

아이 컬러르 EYE COLOR

눈 색상.

🏠 마르블드 아이 Marbled Eye

대리석 모양 눈.
대리석과 같은 얼룩무늬 색상의 눈을 가지고 있는 것으로 차이나 아이 China Eye와
동일한 개념이다. 블루 멀 칼리 Blue Merle Collie나 카르디건 웰시 코르기 Cardi-
gan Welsh Corgi에서는 결점으로 취급되지 않는다.

🔊 견종예시 : 셔틀런드 십독 Shetland Sheepdog, 카르디건 웰시 코기 Cardigan Welsh Corgi

🐾 견종표준

Cardigan Welsh Corgi :

"Blue eyes (including partially blue eyes), or one dark and one blue eye permissible in blue merles, and in any other coat color than blue merle are a disqualification."

Pomeranian :

"Disqualifications: Eye(s) light blue, blue **marbled**, blue flecked."

그림 108. 마르블드 아이 Marbled Eye : 카르디건 웰시 코르기 Cardigan Welsh Corgi

🏠 버르드 어브 플레이 아이스 Bird of Prey Eyes

솔개(맹금) 눈.

혹 아이 Hawk Eye 참고.

🏠 오드 아이 Odd Eye

짝짝이 눈.

두 눈의 색이 다른 것으로 의학적으로는 홍채 이색증(虹彩異色症)이라고 한다.

그림 109. 오드 아이 Odd Eye : 사이비어리언 허스키 Siberian Husky

🏠 월 아이 Wall Eye

담 모양 눈.

차이나 아이 China Eye 참조

🏠 차이나 아이 China Eye

청자 모양 눈.

투명한 파란색의 홍색에 흰색이나 밝은 파란색의 얼룩이 있는 경우를 차이나 아이라고 한다. 착색의 차이로 눈과 같은 국소 영역에서 멜라닌이 불균등하게 분포하여 발생하는 것으로 이것은 **홍채 이색증**(헤터로크로미어 Heterochromia)이라고 한다. 청회색(멀르 merle) 유전자를 유전하는 견종에서 일반적으로 나타난다. 한쪽 눈 또는 양쪽 눈에 발생할 때에도 이 용어를 사용한다. 일반적으로 퇴색적 성향을 나타내는 결점으로 간주되나 모색과의 관계에 따라 허용되는 견종도 있다. 블루 멀 칼리 Blue Merle Collie 나 카르디건 웰시 코르기 Cardigan Welsh Corgi 등이 여기에 속한다.

🐾 견종예시 : 블루 멀 칼리 Blue Merle Collie, 카르디건 웰시 코르기 Cardigan Welsh Corgi

🐾 견종표준

Cardigan Welsh Corgi :

"Blue eyes (including partially blue eyes), or one dark and one blue eye permissible in blue merles, and in any other coat color than blue merle are a disqualification."

Collie :

"In blue merles, dark brown eyes are preferable, but either or both eyes may be merle or **china** in color without specific penalty"

Spinone Italiano :

"Disqualification - Walleye (an eye with a whitish iris; a blue eye, fisheye, pearl eye)."

(가) 보르더르 칼리 Border Collie

(나) 카르디건 웰시 코르기 Cardigan Welsh Corgi

그림 110. **차이나 아이** China Eye

🏠 피시 아이 Fish Eye

물고기 눈.

차이나 아이 China Eye 참조

🏠 혹 아이 Hawk Eye

매 눈.

냉엄하고 응시하는 듯한 호박색(앰버르 Amber) 또는 노르스름한 색의 매와 같은 눈 모양을 말한다. AKC의 저먼 숏헤어드 포인터 German Shorthaired Pointer의 견종표준에서는 결점으로 정의하고 있으며 CKC에서는 바람직하지 않다고 정의하고 있다. 어메리컨 워터 스패니얼 American Water Spaniel과 케인 코르소 Cane Corso가 혹아이이면 실격이다. 라트와일러르 Rottweiler에서의 혹 아이이면 심각한 결점이다.

🐾 견종표준

American Water Spaniel :

"Disqualify **yellow eyes**."

Cane Corso :

"Disqualification - Yellow **bird of prey**; blue eyes."

German Shorthaired Pointer :

"Light **yellow eyes** are not desirable and are a fault."

Rottweiler :

"Serious Faults - **Yellow** (bird of prey) eyes, …"

그림 111. **혹 아이 Hawk Eye**

아이 타입스 EYE TYPES

눈의 모양.

아이 타입스 Eye Types	대표 견종	참고
글래시 아이 Glassy Eye	애프갠 하운드 Afghan Hound 그레이트 피러니즈 Great Pyrenees	그림 112~113
딥 셋 아이 Deep Set Eye	불 테리어르 Bull Terrier	그림 114
라운드 아이 Round Eye	몰티즈 Maltese 시쭈 Shih Tzu	그림 115
서르큘러르 아이 Circular Eye	스무드 팍스 테리어르 Smooth Fox Terrier	그림 119
아먼드 아이 Almond Eye	푸들 Poodle	그림 120
오벌 아이 Oval Eye	설루키 Saluki	그림 121
트라이앵귤러르 아이 Triangular Eye	키슈 켄 Kishu Ken	그림 122

🏠 글래시 아이 Glassy Eye

무표정한 눈.

무표정하고 흐리멍덩한 눈. 눈의 표현이 전혀 없다는 것을 의미한다. 애프갠 하운드 Afghan Hound와 그레이트 피러니즈 Great Pyrenees 등은 무표정한 눈이 중요한 특징이다. 그러나 좀 더 정확히 이야기하면 그레이트 피러니즈 Great Pyrenees는 곰 똘히 생각하고 있는 듯한 우수에 찬 표정이라고 하는 것이 더욱 적절하다.

💬 견종예시 : 그레이트 피러니즈 Great Pyrenees, 애프갠 하운드 Afghan Hound

그림 112. 글래시 아이 Glassy Eye : 애프갠 하운드 Afghan Hound의 고유한 특징

그림 113. 글래시 아이 Glassy Eye : 그레이트 피러니즈 Great Pyrenees (고유한 표정 – 우수에 찬 눈)

🏠 딥 셋 아이 Deep Set Eye

움푹 들어간 눈.

안와에 눈이 깊게 놓여있는 것

🐾 **견종예시** : 불 테리어르 Bull Terrier, 차우차우 Chow Chow

🐾 **견종표준**

<u>Bull Terrier</u> :

"Eyes: Should be **well sunken**"

<u>Chow Chow</u> :

"Eyes dark brown, **deep set**"

그림 114. **딥 셋 아이 Deep Set Eye : 불 테리어르 Bull Terrier**

🏠 **라운드 아이 Round Eye**

둥근 눈.

원형 모양의 눈으로 몰티즈 Maltese나 시주 Shih Tzu와 같은 크고 동그란 눈.

🐾 **견종예시** : 몰티즈 Maltese, 시주 Shih Tzu, 어메리컨 카커르 스패니얼 American Cocker Spaniel, 프렌치 불독 French Bulldog,

🐾 **견종표준**

<u>Shih Tzu</u> :

"Eyes - Large, **round**, not prominent, placed well apart, looking straight ahead."

(가) 몰티즈 Maltese   (나) 시주 Shih Tzu

그림 115. **라운드 아이 Round Eye**

🏠 링드 아이 Ringed Eye

반지 눈.

정면에서 보면 눈을 둘러싼 회백색의 강막 또는 공막이 비정상적으로 많이 보이는 것을 말한다. AKC의 케어른 테리어르 Cairn Terrier의 견종표준에는 링드 아이 Ringed Eye를 결점으로 표기하고 있다.

👤 **견종예시** : 치와와 Chihuahua, 케어른 테리어르 Cairn Terrier

🐾 **견종표준**

Cairn Terrier :

"Faults … 3. Eyes - Too large, prominent, yellow, and **ringed** are all objectionable."

그림 116. **링드 아이 Ringed Eye - 치와와 Chihuahua**

튀어나온 눈.

눈 전체가 불룩하게 튀어나온 눈. 마치 붕어와 같은 눈을 말한다.

🐾 **견종예시** : 치와와 Chihuahua, 피킹이즈 Pekingese

🐾 **견종표준**

Bichon Frise :

"An overly large or **bulging eye** is a fault as is an almond shaped, obliquely set eye."

Pekingese :

"The look is bold, not **bulging**."

그림 117. **벌징 아이 Bulging Eye : 치와와 Chihuahua**

🏠 비디 아이 Beady Eye

비즈 눈.

작고 둥글며 빛나는 눈으로 견종과 무관한 표현을 보이는 것을 의미한다. 많은 견종에서 비디 아이 Beady Eye는 결점으로 표기하고 있다.

🐾 **견종예시** : 보르더르 테리어르 Border Terrier, 몰티즈 Maltese

🐾 **견종표준**

Border Terrier :

"Eyes ⋯ Moderate in size, neither prominent nor small and **beady**."

(가) 정상적인 눈 Normal Eye   (나) 비디 아이 Beady Eye

그림 118. 비디 아이 Beady Eye : 몰티즈 Maltese

🏠 서르큘러르 아이 Circular Eye

안구 비돌출 둥근 눈.

돌출되어 있지 않은 둥근 모양의 눈. 1084년 AKC 개정판에 스무드 팍스 테리어르 Smooth Fox Terrier의 올바른 눈모양으로 언급하고 있다.

🐾 견종예시 : 스무드 팍스 테리어르 Smooth Fox Terrier

🐾 견종표준

Smooth Fox Terrier :

"Eyes ⋯ and as nearly possible **circular** in shape."

그림 119. 서르큘러르 아이 Circular Eye : 스무드 팍스 테리어르 Smooth Fox Terrier

아몬드 모양 눈.

기본적으로 타원 모양이며 양쪽 끝이 가늘다. 사냥하는 개는 아몬드 모양이 적절하다.

🐾 **견종예시 :** 도베르만 핀셔르 Doberman Pinscher, 버센지 Basenji, 베들링턴 테리어르 Bedlington Terrier, 보르조이 Borzoi, 아이리시 오터르 스패니얼 Irish Water Spaniel, 저르먼 셰퍼르드 독 German Shepherd Dog, 피니시 스피츠 Finnish Spitz

🐾 **견종표준**

Bedlington Terrier :

"Eyes - Almond-shaped, …"

Doberman Pinscher :

"Eyes almond shaped, …"

그림 120. **아먼드 아이 Almond Eye : 푸들 Poodle**

🏠 아블롱 아이 Oblong Eye

오벌 아이 Oval Eye 참조.

🏠 오벌 아이 Oval Eye

타원 모양 눈.

계란형 혹은 긴 타원형의 눈으로 개에게 가장 이상적으로 요구되는 눈 모양.

🐾 **견종예시 :** 설루키 Saluki

닥스훈드 Dachshund – FCI에서는 타원 모양 눈으로 표기되어 있으나 AKC에서는 아몬드 모양 눈으로 표기되어 있다. 이러한 이유는 아몬드 모양 눈과 타원 모양 눈을 구별하기가 어렵기 때문이다.

🐾 **견종표준**

<u>Saluki</u> :

"Eyes … ; large and **oval**, but not prominent."

그림 121. **오벌 아이 Oval Eye, 아블롱 아이 Oblong Eye : 설루키 Saluki**

🏠 트라이앵귤러 아이 Triangular Eye

삼각 모양 눈.

타원형 눈과 매우 유사하나 모서리 3곳의 꼭짓점 각도 깊이에 의해 윤곽이 훨씬 명확하여 마치 삼각 텐트 형태처럼 보인다. 눈꺼풀의 바깥쪽이 올라간 삼각형 모양을 만드는 형태로 경사진 눈이라고도 한다. 골던 리트리버 Golden Retriever에서 이러한 형태의 눈은 결점이다.

🐾 **견종예시 :** 불 테리어르 Bull Terrier, 애프캔 하운드 Afghan Hound, 키슈 켄 Kishu Ken

🐾 **견종표준**

Afghan Hound :

"The eyes are almond-shaped (almost triangular)"

Bull Terrier :

"Eyes: ··· and they should be small, **triangular** and obliquely placed"

Kishu Ken(FCI) :

"Eyes: Nearly **triangular**, ··· "

그림 122. 트라이앵귤러 아이 Triangular Eye : 키슈 켄 Kishu Ken

🏠 풀 아이 Full Eye

안구 돌출 둥근 눈.

둥글며 안구만 돌출된 눈을 말한다. 마치 고글을 착용하고 있는 것 같이 보인다. 동그란 눈은 안구의 손상이나 탈구 가능성이 높다.

🐾 **견종예시** : 브러셀즈 그리펀 Brussels Griffon, 치와와 Chihuahua

🐾 **견종표준**

Brussels Griffon :

"Eyes set well apart, very large, black, prominent, and well open."

Chihuahua :

"Eyes - **Full**, round, but not protruding"

Tibetan Spaniel :

"Faults - Large **full** eyes"

그림 123. **풀 아이 Full Eye** : 브러셀즈 그리펀 Brussels Griffon

악서펏 OCCIPUT

후두부.

두정골(마루뼈) 뒤의 후두골(뒤통수뼈)이 있는 부분을 말한다. 특히 후두부로 머리 뒤쪽의 끝에서 융기된 부분을 **후두융기**(뒤통수뼈융기, 액시피털 프로튜버런스 Occipital Protuberance)라고 말한다. 블러드하운드 Bloodhound는 후두부가 특히 발달되어 있어 쉽게 관찰할 수 있다.

견종예시 : 블러드하운드 Bloodhound

견종표준

American Foxhound :

"… slightly domed at **occiput**,…"

Bloodhound :

"Skull- …, with the **occipital** peak very pronounced."

그림 124. 악서펏 Occiput : 블러드하운드 Bloodhound

알팩터리 너르브 OLFACTORY NERVE

후각신경.

코점막(후상피 점막)에는 후각상피(嗅覺上皮, 알팩터리 에퍼시리엄 Olfactory Epithelium)가 있고
냄새의 분자가 통과할 때 후각신경이 활동한다.

애서태뷸러르 사킷 ACETABULAR SOCKET

애시태뷸럼 Acetabulum 참조.

애시태뷸럼 ACETABULUM

관골구 髖骨臼.

뒷다리이음뼈(펠빅 거르들 Pelvic Girdle)는 2개의 관골(볼기뼈, 어스 칵서 OS Coxae)로 되어있는데, 각 관골 중간쯤에 상대적으로 깊게 패인 부분으로 대퇴골(넙다리뼈, 피머르 Femur)의 넙다리뼈 머리가 들어가게 된다. 즉, 장골(엉덩뼈, 일리엄 Ilium), 좌골(궁둥뼈, 이스키엄 Ischium), 치골(두덩뼈, 퓨비스 Pubis)의 연결지점. 관골구와 넙다리뼈 머리가 연결되면서 **엉덩관절**(힙 조인트 Hip Joint)을 형성한다. 견종과 객체에 따라 모양과 깊이가 매우 다양하다. 관골구는 고관절형성이상(힙 디스플레이지어 Hip Dysplasia)이라는 질병과 깊은 관련이 있다.

액션 ACTION

움직임.

동의어 - 게이트 Gait, 모션 Motion, 무브먼트 Movement.

이동양식 또는 걸음걸이에 대해서 설명하고자 할 때 사용되는 용어. 개의 추진력은 후구의 골반과 대퇴 근육의 조합에 의해서 발생하며 전구는 상대적으로 작은 역할을 한다. 이러한 전구와 후구의 조합은 견종에 따른 다양한 움직임의 유형을 만들게 된다.

🐾 **견종예시 :** 댈메이션 Dalmatian, 치와와 Chihuahua

🐾 **견종표준**

Bloodhound :

"The gait is **elastic, swinging and free,**…"

Chihuahua :

"The Chihuahua should move swiftly with **a firm, sturdy action,** with good reach in front equal to the drive from the rear."

Dalmatian :

"Balanced angulation fore and aft combined with powerful muscles and good condition produce **smooth, efficient action.**"

German Shepherd Dog :

"The gait is **outreaching, elastic,** seemingly without effort, **smooth and rhythmic,** covering the maximum amount of ground with the minimum number of steps."

Pekingese :

"It is unhurried, dignified, free and strong, with a slight **roll over** the shoulders."

앨바이노 ALBINO

백색증.

멜라닌 세포에서 멜라닌 합성이 결핍되어 피부·눈·털 등에서 백색 증상이 나타나는 선천성 유전질환이며 눈·모색·피부에서 부분적인 색소 결손을 보이기도 한다. 백색증을 나타내는 개는 색소 세포 중에 색소 과립이 포함돼 있지 않아 백화현상을 보인다. 알비노 개의 눈이 핑크색을 띠는 것은 홍채와 동공의 혈액이 비쳐 보이기 때문이다.

그림 125. 앨바이노 Albino : 어메리컨 핏 불 테리어르 American Pit Bull Terrier

앨버니즘 ALBINISM

알비노증. 백화 현상. 선천성 색소결핍증.

피부·피모·눈·등에 색소가 부족하여 발생하는 유전적 질환이다.

앨바이노 Albino 참조.

앵귤레이션 ANGULATION

각도.

각도는 개의 골격을 형성하기 위해 뼈들이 모여 만드는 관절이 이루는 각도를 의미한다. 특히 어깨·무릎·비절·발목·관골 등에서 만들어지는 각도가 중요하다. 일반적으로 중요 관절에 의해서 이루어지는 각도들을 모아 전구 각도(포르쿼르터르스 앵귤레이션 Forequarters Angulation), 후구 각도(하인드쿼르터르스 앵귤레이션 Hindquarters Angulation)라고 부르며, 해당 견종에서 허용되는 범위의 각도를 가지고 있을때 '**좋은 각도**(웰 앵귤레이티드 Well-angulated, 웰 터른드 Well-turned)'라고 부른다.

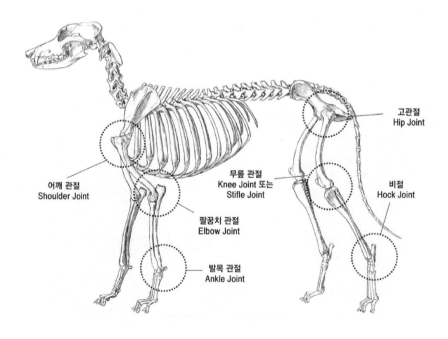

어깨 관절
Shoulder Joint

팔꿈치 관절
Elbow Joint

발목 관절
Ankle Joint

무릎 관절
Knee Joint 또는
Stifle Joint

고관절
Hip Joint

비절
Hock Joint

그림 126. **견체의 주요 관절**

앵클 ANKLE

학 Hock 참조.

앵클 조인트 ANKLE JOINT

학 Hock 참조.

어퍼르 아름 UPPER ARM

상완부.
상완부는 견갑 관절과 전완 사이에 있는 부분으로 상완부는 상완골과 그와 연결된 근육 그리고 인대로 구성되어 있다. 상완골은 전지에서 가장 큰 뼈에 해당된다. 상완부의 위쪽 부분은 견갑 관절에 의해 어깨로 연결되고 아래 부분은 팔꿈치 관절에 의해 전완부로 이어진다.

어피어런스 하드-비튼 APPEARANCE HARD-BITTEN

완고한 외모.
주로 테리어의 외모를 언급할 때 사용하는 것으로 우락부락하고 거친 외모.

🐕 **견종예시 :** 오스트레일리언 캐틀 독 Australian Cattle Dog, 오스트레일리언 테리어르 Australian Terrier

그림 127. **어피어런스 하드-비튼 Appearance Hard-Bitten :**
오스트레일리언 캐틀 독 Australian Cattle Dog

언더라인 UNDERLINE

아래쪽 윤곽선.
옆에서 보아 하흉부에서 하복부의 바디 아랫면의 윤곽을 나타내는 선.

에이너스 ANUS

항문 肛門.
소화기 말단으로 직장이 끝나는 곳에 있는 항문구이다. 항문은 내항문 활약근(內肛門 括約筋, 인터늘 에이늘 스핑크터르 Internal Anal Sphincter)과 외항문 활약근(外肛門 括約筋, 익스터르늘 에이늘 스핑크터르 External Anal Sphincter)으로 싸여있어 배변시를 제외하고 닫혀있다. 항문 은 돌출하지 않고 크며 잘 조여 있고 피부가 짙은 색이 좋다.

에이늘 그랜드 ANAL GLAND

항문선 肛門腺.
항문샘이라고도 한다. 항문 가까이의 항문관 내에 배변을 용이하게 하는 점액을 분비하는 항문 주위선과 그 분비물이 모이는 항문낭(肛門囊, 에이늘 색스 Anal Sacs), 그리고 분비물이 유출되는 항문낭 도관이 있다. 항문 주위선은 아포크린선(애퍼크린 글랜드 Apocrine Gland) 으로 분비물에 악취를 발산하게 해서 배변할 때 대변에 냄새를 남긴다. 이 냄새를 맡음으 로써 개들끼리 개체인식을 하게 된다.

에이늘 색스 ANAL SACS

항문낭 肛門囊.
항문 괄약근 주변 내부의 직장 양쪽에 각각 하나씩 2개가 있다. 항문샘(에이늘 글랜드 Anal Gland)이라고도 한다. 항문낭은 직경이 평균적으로 1cm 정도이며 짧은 도관을 통해서 직 장 내강으로 연결된다. 항문낭은 배변시 분비물을 분변에 도포하기 위한 저장공간의 기능 을 한다. 이러한 분비물의 도포는 분변에 특별한 채취를 남기게 되어 다른 동료들이 찾을 수 있도록 도와준다. 항문낭과 연결된 분비선이 막히는 것은 가정에서 흔히 발생할 수 있 다. 그 이유는 배변시 항문낭을 자극하여 짤 수 있을 만큼의 충분한 크기의 음식을 섭취하지 못하였기 때문이다. 일반적으로 항문낭에 문제가 발생하면 외과적 수술이 요구된다.

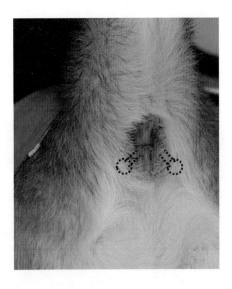

그림 128. 에이늘 색스 Anal Sacs

에이칸드러플레이지어 ACHONDROPLASIA

연골무형성증. 연골 형성 부전.

어린 강아지의 네다리와 같은 긴뼈의 발달에 영향을 주는 왜소발육증(矮小發育症, 드워르리
즘 Dwarfism). 머리와 몸의 정상적인 발달에서 일부 영역의 성장이 제한되는 것으로 네다
리가 심각하게 작아지는 것. 정상적인 발달이 되지 않는다 할지라도 정상적인 다리보다
더 강한 힘을 가질 수 있다. 닥스훈드 Dachshund와 배씻 하운드 Basset Hound가 여
기에 속한다.

에이프런 APRON

가슴 밑에 난 긴 장식 털.

프릴 Frill이라고도 한다.

🐾 견종표준

Australian Terrier :

"The neck is well furnished with hair, which forms a protective ruff blending into the **apron**."

(가) 셔틀런드 십독 Shetland Sheepdog

(나) 러프 칼리 Rough Collie

그림 129. 에이프런 Apron

엔트로피안 ENTROPION

눈꺼풀 속말림. 안검내반(眼瞼內反).

한쪽 또는 양쪽의 눈썹이 눈 안쪽으로 말려 들어간 상태를 말한다. 털이 눈의 표면을 접촉함으로써 각막의 자극을 유발할 수 있다. 일반적으로 아랫눈썹에 의해서 발생하며 상대적으로 윗눈썹에 의해서는 발생빈도가 낮다. 각막의 지속적인 자극은 염증을 유발할 수 있기 때문에 버르니즈 마운턴 독 Bernese Mountain Dog에서는 심각한 결점이며 댈메이션 Dalmatian에서는 중요한 결점이다. 불독 Bulldog, 불매스티프 Bullmastiff, 세인트 버르너르드 Saint Bernard, 차우차우 Chow Chow, 차이니즈 샤페이 Chinese Shar-Pei와 같은 일부 견종에서는 유전적 장애이다. 라트와일러르 Rottweiler에서의 엔트로피안은 실격이다. 반대로 아랫눈썹이 늘어져 밖으로 말리는 것을 **엑크로피안** Ectropion(눈꺼풀 겉말림, 안검외반 眼瞼外反) 이라고 한다.

견종표준

Bernese Mountain Dog :

"Inverted or everted eyelids are serious faults."

Dalmatian :

"Abnormal position of the eyelids or eyelashes (ectropion, entropion, trichiasis) is a major fault."

Rottweiler :

"Disqualification - **Entropion**. Ectropion."

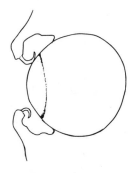

그림 130. **엔트로피안 Entropion(눈꺼풀 속말림)**

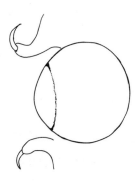

그림 131. **엑크로피안 Ectropion(눈꺼풀 겉말림)**

엘보 ELBOW

팔꿈치.

상완부(상완골)과 전완부(요골과 척골) 사이의 관절로 몸통과 밀착되어 있어야 한다.

🏠 아웃 앳 더 엘보스 Out at the Elbows

팔꿈치 돌출.

앞에서 보았을 때 좌우 팔꿈치가 몸통 바깥쪽으로 돌아 나온 형태.

간단히 엘보우 아웃 Elbow Out이라고도 한다. 일반적으로 견갑골 아래에 있는 근육이 과도하여 어깨가 무거울 때나 견갑골이 가슴으로부터 너무 떨어져 있을 때 발생할 수 있다.

그림 132. **아웃 앳 더 엘보스** Out at the Elbows

앱더먼 ABDOMEN

복부.

가슴과 후구 사이의 아래쪽 부분을 말하는 것으로 위쪽으로는 요추가 있고 아래쪽은 배가 있어 보호한다. 배는 근육, 조직, 피부로 구성되어 있다. 많은 견종에서 복부 부분이 가슴에서부터 점점 위쪽으로 곡선을 그리면서 아래쪽 윤곽선을 형성하게 되고 이것을 **턱트 업** Tucked-up이라고 부른다.

오르빗 ORBIT

눈구멍. 안와 眼窩.

안구가 들어있는 두개골 전면의 구멍을 말한다. 눈구멍에는 눈구멍 내 지방이 안구를 받쳐주는 쿠션 역할을 한다. 또한 눈구멍 내 안구의 깊이에 따라 다양한 모양의 눈이 생긴다.

위더스 WITHERS

견갑.

해부학적으로 견갑골(肩胛骨)의 위쪽 부분과 1~2번째 극돌기(棘突起, 스파이너스 프라세스 Spinous Process) 사이의 연결부위이며 구조적으로는 목과 등이 연결되는 목의 바로 뒷부분을 말한다. 목 바로 아래에 있는 어깨의 가장 높은 점으로 체고는 여기에서 앞다리의 팔꿈치를 지나 지상까지의 수직 높이이다.

위디 WEEDY

호리호리함.

뼈가 얇고 밀도가 부족한 것으로 특히 가슴과 갈비의 깊이가 결핍된 것을 의미한다. 또한 골량 부족으로 인해 뼈가 가는 것을 의미한다.

위스커르스 WHISKERS

수염.

턱(친 위스커르스 Chin Whiskers), 얼굴 옆면(머스태시 Moustache), 턱과 얼굴 옆면(비어르드 Beard)에 자란 거칠고 두꺼우며 긴 털.

> 🐾 **견종예시** : 나리치 테리어 Norwich Terrier, 노르퍽 테리어 Norfolk Terrier, 슈나우저르 Schnauzer, 케리 블루 테리어 Kerry Blue Terrier

> ✾ **견종표준**
>
> Giant Schnauzer :
>
> "Eyebrows, **whiskers**, cheeks, throat, chest, legs, and under tail are lighter in color but include 'peppering.'"

Kerry Blue Terrier :

"In show trim the body should be well covered but tidy, with the head (except for the whiskers) and the ears and cheeks clear."

Norfolk Terrier :

"Hair on the head and ears is short and smooth, except for slight eyebrows and **whiskers**."

Norwich Terrier :

"The hair on head, ears and muzzle, except for slight eyebrows and **whiskers**, is short and smooth."

Standard Schnauzer :

"On the muzzle and over the eyes the coat lengthens to form the beard and eyebrows; the hair on the legs is longer than that on the body."

(가) 미니어쳐르 슈나우저르 Miniature Schnauzer

(나) 애프갠 하운드 Afghan Hound

(다) 와이어헤어르드 닥스훈드 Wirehaired Dachshund

그림 133. 위스커르스 Whiskers

이렉트 ERECT

세움.

귀 혹은 꼬리를 위로 세우는 것을 말한다.

(가) 귀 세우기 전   (나) 귀 세운 후

그림 134. 이렉트 Erect : 슈나우저르 Schnauzer

이어 EAR

귀.

귀는 외이·중이·내이로 나뉘며 다수의 혈관과 신경이 분포되어 있다. 외이(外耳, 익스터르늘 이어 External Ear)는 이개(耳介, 귓바퀴, 오리클 Auricle)와 외이도(外耳道, 익스터르늘 오디토리 커낼 External Auditory Canal)로 이루어지고 외이도 안쪽에는 고막(鼓膜, 팀패닉 멤브레인 Tympanic Membrane)이 있다. 외이의 귀바퀴 연골(오리큘러르 카르틸리지 Auricular Cartilage)에 많은 근육이 붙어 있어 전후좌우로 움직일 수 있다. 또한 소리를 듣고, 움직임으로 사회적 순위, 과시 및 감정을 전달하게 된다. 중이(中耳, 미들 이어 Middle Ear)는 고실(鼓室, 팀퍼넘 Tympanum)과 3개의 이소골(耳小骨, 이어 아시클 Ear Ossicle)로 이루어져 공기의 진동을 내이로 전달한다. 내이(이너르 이어 Inner Ear, 속귀)는 3개의 부분 - 달팽이관(카클리어르 커낼 Cochlear Canal), 전정기관(前庭器官, 베스티뷸러르 시스템 Vestibular System), 반고리관(세미서르큘러르 커낼 Semicircular Canal)-으로 나뉘어져 청각 및 평형각(平衡覺, 중력의 자극으로 몸의 균형 상태를 인식하는 내부성 감각)을 담당한다.

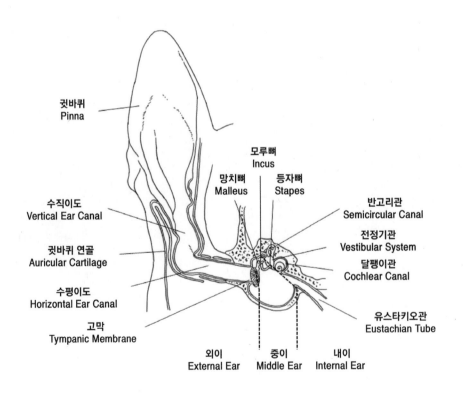

그림 135. **귀의 구조 Ear Anatomy**

이어 타입스 EAR TYPES

귀의 유형.

머리에 있는 귀의 위치와 그 형상이 어우러진 상태를 말한다. 견종에 따라 또는 개체의 심리 상태에 따라 변화하며 복잡하다. 개의 귀 모양은 매우 다양하다. 그러나 일반적으로 크게 분류하면 다음의 3가지 형태로 나눌 수 있다. 직립 귀(예: 저먼 셰퍼드 독 German Shepherd Dog, 웨스트 하일랜드 화이트 테리어 웨스트 하이런드 화이트 테리어르 West Highland White Terrier), 누운 귀(예: 스패니얼 계통, 닥스훈드 Dachshund, 푸들 Poodle), 반 직립 귀(예: 칼리 Collie, 팍스 테리어르 Fox Terrier)이다.

이어 타입스 Ear Types	대표 견종	참조
로우 셋 이어스 Low Set Ears	고르든 세터르 Gordon Setter	그림 137
로즈 이어스 Rose Ears	스태퍼르드셔르 불 테리어르 Staffordshire Bull Terrier	그림 138
버터플라이 이어스 Butterfly Ears	패펄란 Papillon	그림 139
버튼 이어스 Button Ears	아이어리시 테리어르 Irish Terrier	그림 140
벳 이어스 Bat Ears	펨브룩 웰시 코르기 Pembroke Welsh Corgi	그림 142
브이-셰이프트 이어스 V-Shaped Ears	불마스티프 Bullmastiff 사이비어리언 허스키 Siberian Husky	그림 143
세미 프릭 이어스 Semi Prick Ears	셔틀런드 십독 Shetland Sheepdog	그림 144
콕트 이어스 Cocked Ears	팍스 테리어르 Fox Terrier	그림 145
캔들 플레임 이어스 Candle Flame Ears	맨체스터르 테리어르 Manchester Terrier	그림 146
튤립 이어스 Tulip Ears	프렌치 불독 French Bulldog	그림 148
팔렌 이어스 Phalene Ears	패펄란 Papillon	그림 149

이어 타입스 Ear Types	대표 견종	참조
페더르드 이어스 Feathered Ears	스카이 테리어르 Skye Terrier	그림 150
펜던트 이어스 Pendent Ears	배싯 하운드 Basset Hound	그림 151
폴디드 이어스 Folded Ears	블랙 언 탠 쿤하운드 Black and Tan Coonhound	그림 152
프릭 이어스 Prick Ears	저르먼 셰퍼르드 독 German Shepherd Dog	그림 153
플레어링 이어스 Flaring Ears	치와와 Chihuahua	그림 154
필버르트- 셰이프트 이어스 Filbert-Shaped Ears	베들링턴 테리어르 Bedlington Terrier	그림 155

🏠 드롭 이어스 Drop Ears

늘어진 귀.

펜던트 이어스 Pendent Ears 참조.

🏠 로드 라이크 헤어핀 이어스 Rod-like Hairpin Ears

비녀 모양 귀.

앞에서 보아 귀의 앞이 좌우 외측으로 열려 있는 모양. 표준의 귀 위치보다 간격이 넓어 보이는 것.

그림 136. **로드 라이크 헤어핀 이어스 Rod-like Hairpin Ears : 진돗개 Jindo Dog**

🏠 **로우 셋 이어스 Low Set Ears**

낮게 위치한 귀.

귀가 달린 곳이 머리의 낮은 곳에 위치한 귀. 일반적으로 눈과 동일선에 위치할 때 부르는 말.

🐕 **견종예시** : 고르든 세터르 Gordon Setter, 잉글리시 카커르 스패니얼 English Cocker Spaniel

🐾 **견종표준**

English Cocker Spaniel :

"Ears-**Set low**, lying close to the head"

Gordon Setter :

"Ears **set low** on the head approximately on line with the eyes, ⋯ "

(가) 고르든 세터르
Gordon Setter

(나) 잉글리시 카커르 스패니얼
English Cocker Spaiel

그림 137. **로우 셋 이어스 Low Set Ears**

🏠 **로즈 이어스 Rose Ears**

장미 모양 귀.

귓불을 뒤쪽으로 눕혔거나 접어 외이관내의 융기(버르 Burr)가 드러난 작은 형태의 늘어진 귀 혹은 반 직립형 귀.

🐕 **견종예시** : 퍼그 Pug, 불독 Bulldog, 휘핏 Whippet

🐾 **견종표준**

Pug :

"There are two kinds - the '**rose**' and the 'button' "

Staffordshire Bull Terrier :

"Ears - **Rose** or half-pricked and not large."

Whippet :

"**Rose** ears, small, fine in texture; … "

(가) 스태퍼르드셔르 불 테리어르 Staffordshire Bull Terrier

(나) 휘핏 Whippet

그림 138. **로즈 이어스** Rose Ears

🏠 버터플라이 이어스 Butterfly Ears

나비 날개 모양 귀.

나비의 펼친 날개처럼 긴 장식털이 있는 커다랗게 선 귀가 머리 바깥쪽으로 약 45°로 기울어 나비의 날개 모양을 한 귀.

🐕 **견종예시** : 패펄란 Papillon

🐾 **견종표준**

Papillon :

"Ears - ⋯ (1) Ears of the erect type are carried obliquely and move like the spread wings of a **butterfly.**"

그림 139. 버터플라이 이어스 Butterfly Ears : 패펄란 Papillon

🏠 버튼 이어스 Button Ears

단추 모양 귀.

아랫부분은 직립해 있고 귓불이 머리 앞쪽으로 V자 형태를 이루며 늘어진 귀. 팍스 테리어르 Fox Terrier와 같이 접히는 부분이 머리 꼭대기보다 약간 높으며 끝이 눈 위로 늘어진 유형의 귀와 접히는 부분이 머리의 수평선보다 높지 않고 볼을 접해 앞쪽으로 늘어진 유형의 귀가 있다.

견종예시 : 아이어리시 테리어르 Irish Terrier, 퍼그 Pug

견종표준

Irish Terrier :

"The top of the **folded** ear should be well above the level of the skull."

Italian Greyhound :

"Erect or **button** ears severely penalized."

(가) 아이어리시 테리어르 Irish Terrier

(나) 퍼그 Pug

그림 140. **버튼 이어스 Button Ears**

🏠 베어르 이어스 Bear Ears

곰 귀.

벨 이어스 Bell Ears 참조.

🏠 벨 이어스 Bell Ears

종 모양 귀.

끝이 둥근 종과 같은 형태의 귀로 둥근 귀라고도 한다. AKC의 새머예드 Samoyed 견종표준에 곰 귀 모양은 결점으로 표기되어 있다.

🐾 견종표준

Samoyed :

"Ears - ⋯ should not be large or pointed, nor should they be small and 'bear-eared.' "

그림 141. 베어 Bear

🏠 벳 이어스 Bat Ears

박쥐 귀.

박쥐의 귀처럼 앞쪽으로 직립되어 있으며 귓불의 폭이 넓고 끝이 둥근 귀를 말한다. 머리의 높은 곳에 위치해야 하나 서로 너무 가까이 있으면 안 된다. 귓불은 반듯하고 부드러워야 한다. 프렌치 불독 French Bulldog에서는 박쥐 귀 모양이 명확한 특징이며 펨브룩 웰시 코르기 Pembroke Welsh Corgi에서는 바람직하지 않다.

🐶 **견종예시 :** 펨브룩 웰시 코르기 Pembroke Welsh Corgi, 프렌치 불독 French Bulldog

🐾 **견종표준**

French Bulldog :

"Ears - Known as the **bat ear**, ⋯ "

Pembroke Welsh Corgi :

"**Bat ears**, ⋯ , are undesirable."

그림 142. 벳 이어스 Bat Ears : 펨브룩 웰시 코르기 Pembroke Welsh Corgi

🏠 브이-세이프트 이어스 V-Shaped Ears

V자 모양 귀.

일반적으로 삼각형 귀를 의미하나 늘어진 귀와 선 귀의 두 가지 형태가 있다.

🐶 **견종예시 :**

① 늘어진 귀 – 불매스티프 Bullmastiff, 에어르데일 테리어르 Airedale Terrier

② 선 귀 – 사이비어리언 허스키 Siberian Husky, 얼래스컨 맬러뮤트 Alaskan Malamute

Bullmastiff :

" Ears - **V-shaped** ⋯ "

Puli :

"The ears ⋯ are hanging, of medium size, **V-shape**, and about half the head length."

(가) 불마스티프 Bullmastiff

(나) 사이비어리언 허스키 Siberian Husky

그림 143. 브이-세이프트 이어스 V-Shaped Ears

반 직립 귀.

직립한 귀의 끝 부분이 앞쪽으로 늘어진 형태를 말한다. 팍스 테리어르 Fox Terrier 처럼 버튼 모양 귀와 러프 칼리 Rough Collie처럼 귓불의 3/4의 직립이고 1/4이 늘어진 것이 있다.

🦻 **견종예시** : 러프 칼리 Rough Collie, 셔틀런드 십독 Shetland Sheepdog

🐾 **견종표준**

Collie :

"When in repose the ears are folded lengthwise and thrown back into the frill. On the alert they are drawn well up on the backskull and are carried about **three-quarters erect, with about one fourth of the ear tipping or breaking forward.** A dog with prick ears or low ears cannot show true expression and is penalized accordingly."

Greyhound :

"Ears: ⋯ when they are **semi-pricked.**"

Shetland Sheepdog :

"Ears small and flexible, placed high, carried **three-fourths erect**, with tips breaking forward."

그림 144. **세미 프릭 이어스 Semi Prick Ears : 셔틀런드 십독 Shetland Sheepdog**

🏠 콕트 이어스 Cocked Ears

끝이 접힌 직립 귀.

기본적으로 서있는 귀이나 귀 끝부분이 구부러져 전방을 향하고 있는 것을 의미한다.

🐾 견종표준

Rough Collie :

"On the alert they are drawn well up on the backskull and are carried about **three-quarters erect, with about one fourth of the ear tipping or** breaking forward."

그림 145. **콕트 이어스 Cocked Ears** : 팍스 테리어르 Fox Terrier

🏠 캔들 플레임 이어 Candle Flame Ears

촛불 모양 귀.

마치 초가 타고 있는 촛불 모양의 귀.

🐶 견종예시 : 맨체스터르 테리어르 Manchester Terrier, 잉글리시 토이 테리어르 English Toy Ter-rier – 뾰족하지 않고 벨 이어스 Bell Ears일 때 중대한 결점이 된다.

🐾 견종표준

Manchester Terrier (Standard) :

"Correct ears for the Standard variety are either the naturally erect ear, … "

<u>Manchester Terrier</u> (Toy) :

"Correct ears for the Standard variety are either the naturally erect ear, ⋯ "

그림 146. 캔들 플레임 이어스 Candle Flame Ears : 맨체스터 테리어르 Manchester Terrier

🏠 크랍트 이어스 Cropped Ears

자른 귀.

귀를 자른 것을 **단이**(斷耳)라고도 한다. 자연적으로 늘어져 있는 귀불의 일부를 수술에 의해 제거함으로써 바로 세우는 것을 말한다. 과거 쥐나 유해동물을 잡을 때 물리지 않도록 하기 위해서 귀를 절단하였으나 현재는 많은 국가에서 이것을 법적으로 금지해가는 추세이다.

🐶 **견종예시 :** 그레이트 데인 Great Dane, 도베르먼 핀셔르 Doberman Pinscher

🐾 **견종표준**

<u>Doberman Pinscher</u> :

"Ears normally **cropped** and carried erect."

<u>Great Dane</u> :

"If **cropped**, the ear length is in proportion to the size of the head and the ears are carried uniformly erect."

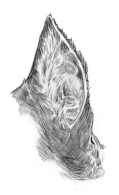

(가) 단이

(나) 언크랍트 이어스 Uncropped Ears
-단이 안 한 귀

(다) 크랍트 이어스 Cropped Ears
-단이 한 귀

그림 147. **크랍트 이어스 Cropped Ears : 그레이트 데인 Great Dane**

튤립 이어스 Tulip Ears

튤립 모양 귀.

튤립의 잎처럼 귀 밑 부분이 넓고 양 귀의 간격이 가까우면서 서있는 귀. 뱃 이어스
(박쥐 귀)와 유사하다. 브리티시 불독 British Bulldog에서는 결점이다.

견종예시 : 프렌치 불독 French Bulldog

견종표준

French Bulldog :

"Ears - Known as the bat ear, broad at the base, elongated, with round top, set high on the head but not too close together, and carried erect with the orifice to the front."

<u>Wire Fox Terrier :</u>

"Disqualifications - Ears prick, **tulip** or rose. "

(가) 툴립 Tulip

(나) 프렌치 불독 French Bulldog

그림 148. 툴립 이어스 Tulip Ears

🏠 **팁트 이어스 Tipped Ears**

콕트 이어스 Cocked Ears 참조.

🏠 **팔렌 이어스 Phalene Ears**

나방 모양 귀.

패펄란 Papillon은 직립한 귀와 늘어진 귀의 2가지 모양이 있다. 후자인 늘어진 귀를 나방 모양 귀라고 하는데 완전히 늘어져야만 한다. 나방 모양 귀의 유형은 그 수가 매우 적다.

🐶 **견종예시** : 패펄란 Papillon

🐾 **견종표준**

Papillon :

"(2) Ears of the drop type, known as the **Phalene**, are similar to the erect type, but are carried drooping and must be completely down"

그림 149. **팔렌 이어스 Phalene Ears** : 패펄란 Papillon

🏠 페더르드 이어스 Feathered Ears

깃털 모양 귀.

날개 모양의 장식털이 있는 귀.

🐶 **견종예시** : 패펄란 Papillon, 스카이 테리어르 Skye Terrier

🐾 **견종표준**

Skye Terrier :

"Ears symmetrical and gracefully **feathered**."

(가) 패펄란 Papillon

(나) 스카이 테리어르 Skye Terrier

그림 150. **페더르드 이어스 Feathered Ears**

매달린 귀.

직립한 귀의 반대 개념의 귀로 귀가 시작된 부분부터 아래로 늘어져있다.

🐕 **견종예시** : 라서 압소 Lhasa Apso, 배싯 하운드 Basset Hound

🐾 **견종표준**

Lhasa Apso :

"Ears: **Pendant**, heavily feathered."

그림 151. **펜던트 이어스 Pendent Ears** : 배싯 하운드 Basset Hound

🏠 **폴디드 이어 Folded Ears**

세로 접힌 귀.

완전히 늘어져 있는 것보다는 세로로 접힌 것처럼 늘어져 있는 귀.

🐕 **견종예시** : 블러드하운드 Bloodhound, 블랙 언 탠 쿤하운드 Black and Tan Coonhound

🐾 **견종표준**

Black and Tan Coonhound :

"Ears ⋯ They hang in graceful **folds**, ⋯"

Bloodhound :

"Ears-The ears ⋯ and fall in graceful **folds**, ⋯ "

(가) 블랙 언 탠 쿤하운드 Black and Tan Coonhound

(나) 블러드하운드 Bloodhound

그림 152. 폴디드 이어스 Folded Ears

직립 귀.

저르먼 셰퍼르드 독 German Shepherd Dog처럼 자연적인 직립 귀와 도베르먼 핀셔르 Doberman Pinscher나 그레이트 데인 Great Dane처럼 단이에 의한 직립 귀 2가지 유형이 있다. 차이니즈 샤페이 Chinese Shar-Pei와 와이어르 팍스 테리어르 Wire Fox Terrier에서는 직립 귀는 실격이다. 스태퍼르드셔르 불 테리어르 Staffordshire Bull Terrier에서는 직립 귀가 심각한 결점으로 고려된다.

🐾 **견종예시** : 그레이트 데인 Great Dane, 도베르먼 핀셔르 Doberman Pinscher, 저르먼 셰퍼르드 독 German Shepherd Dog

🐾 **견종표준**

Chinese Shar-Pei :

"A **pricked ear** is a disqualification."

Scottish Terrier :

"The ears should be small, **prick**, … "

Staffordshire Bull Terrier :

"Ears - Rose or half-pricked and not large. Full drop or full **prick** to be considered a serious fault."

그림 153. **프릭 이어스 Prick Ears** : 저르먼 셰퍼르드 독 German Shepherd Dog

🏠 플레어링 이어스 Flaring Ears

나팔꽃 모양 귀.

나팔꽃 모양의 귀로 치와와 Chihuahua가 대표적이다.

🐾 **견종예시** : 치와와 Chihuahua

🐾 **견종표준**

<u>Chihuahua</u> :

"Ears - ⋯ but **flaring** to the sides at a 45 degree angle ⋯ "

그림 154. 플레어링 이어스 Flaring Ears : 치와와 Chihuahua

🏠 필버르트-쉐이프트 이어스 Filbert-Shaped Ears

개암나무 열매 모양 귀.

외관이 개암나무 열매와 같은 형태의 귀로 영국의 베들링턴 테리어르 Bedlington Terrier의 견종표준에 요구되는 특수한 형태의 귀이다.

🐾 **견종예시** : 베들링턴 테리어르 Bedlington Terrier

🐾 **견종표준**

<u>Bedlington Terrier</u> :

"Ears - Triangular with rounded tips."

(가) 개암나무 열매 Filbert

(나) 베들링턴 테리어르 Bedlington Terrier

그림 155. **필버르트- 세이프트 이어스** Filbert-Shaped Ears

🏠 하이 셋 이어스 High Set Ears

높이 위치한 귀.

귀의 시작부분이 머리의 가장 높은 부분 근처나 최소한 눈보다 위에 위치한 귀를 말한다. 일반적으로 "귀 뿌리가 높게 달렸다"라고 한다. 배싯 하운드 Basset Hound에서 높이 위치한 귀는 심각한 결점이다.

🐾 **견종예시 :** 사이비어리언 허스키 Siberian Husky

🐾 **견종표준**

Basset Hound :

"A **high set** or flat ear is a serious fault."

Siberian Husky :

"Ears of medium size, triangular in shape, close fitting and **set high** on the head."

그림 156. 하이 셋 이어스 High Set Ears : 사이비어리언 허스키 Siberian Husky

이어 프린지 EAR FRINGE

귀 장식털.

귀 주변을 장식하는 털을 말하며, 각종 스패니얼과 세터가 그 전형이다.

그림 157. 이어 프린지 Ear Fringe : 잉글리시 카커르 스패니얼 English Cocker Spaniel

익스프레션 EXPRESSION

표현. 얼굴의 생김새. 안모 顔貌.

귀·눈·코트 등 수 많은 신체적 특성들과 기질이 상호 연관되어 나타나는 표정, 얼굴 표현 또는 각 견종의 특징적인 용모를 말한다. 특히 얼굴은 견종의 차이를 가장 현저하게 나타내는 부위이다. 이러한 표현은 설명이 필요하지 않고 보는 것만으로 견종표준에서 요구되는 표현이 느껴져야 한다.

🐾 **견종예시 :** 애프갠 하운드 Afghan Hound, 차우차우 Chow Chow, 티베튼 스패니얼 Tibetan Spaniel

🐾 **견종표준**

Afghan Hound :

"Eastern expression"

Chow Chow :

"Expression essentially scowling, dignified, lordly, discerning, sober and snobbish, one of independence."

Field Spaniel :

"Expression-Grave, gentle and intelligent."

Tibetan Spaniel :

"giving an apelike expression"

🏠 멍키-라이크 익스프레션 Monkey-like Expression

에이피시 Apish 참조.

🏠 어피어런스 하드-비튼 Appearance Hard-Bitten

완고한 외모.

주로 테리어의 외모를 언급할 때 사용하는 것으로 우락부락하고 거친 외모를 의미한다.

🐾 **견종예시 :** 오스트레일리언 캐틀 독 Australian Cattle Dog, 오스트레일리언 테리어르 Australian Terrier

그림 158. 어피어런스 하드-비튼 Appearance Hard-Bitten :
오스트레일리언 캐틀 독 Australian Cattle Dog

🏠 에이프-라이크 Ape-like

에이피시 Apish 참조.

🏠 에이피시 Apish

원숭이나 유인원 같은 외관.

🐕 **견종예시 :** 그리펀 브뤼셀 Griffon Bruxellois, 애펀핀셔르 Affenpinscher, 티베튼 스패니얼 Tibetan Spaniel

🐾 **견종표준**

Affenpinscher :

"Head: ⋯, carried confidently with **monkey-like** facial expression."

(가) 그리펀 브뤼셀 Griffon Bruxellois

(나) 애펀핀셔르 Affenpinscher

그림 159. 에이피시 Apish, 멍키 라이크 익스프레션 Monkey-like Expression, 에이프 라이크 Ape-like

🏠 하드-비튼 익스프레션 Hard-bitten Expression

어피어런스 하드-비튼 Appearance Hard-Bitten 참조.

인타이어르 ENTIRE

종견 種犬.

고환의 정상 정도를 말할 때 사용되는 용어로 음낭이 완전히 내려가 있는 정상적인 2개의 고환을 가지고 있는 성인 수캐를 말한다. 즉, 생식기관이 완벽한 개를 의미한다.

제이컵슨즈 오르건 JACOBSON'S ORGAN

야콥슨 기관.
양서류 및 포유류, 파충류에서 볼 수 있는 비강(鼻腔)의 일부가 좌우로 팽출하여 형성된 1쌍의 주머니 모양 기관. 2개의 작은 구멍으로 후각을 보조한다.

조 JAW

턱.
위턱과 아래턱으로 구분된다. 성견의 경우 위턱에 20개, 아래턱에 22개 총 42개의 치아가 있다.

체스트 CHEST

가슴.
몸의 앞쪽을 형성하는 중요 부분으로 내부는 흉강, 외부는 흉곽으로 이루어진다. 흉부는 충분히 발달해야 하며 그 폭 · 심도 · 길이가 중요하다.

체스트 거르스 CHEST GIRTH

흉위 胸圍. 가슴둘레
견갑을 중심으로 해서 몸통 전체 둘레.

체스트 타입스 CHEST TYPES

가슴 유형.

체스트 타입스 Chest Types	대표 견종	참조
배럴 체스트 Barrel Chest	체서피그 베이 리트리버 Chesapeake Bay Retriever	그림 160
서르큘러르 체스트 Circular Chest	불독 Bulldog	그림 161
오벌 체스트 Oval Chest	골던 리트리버 Golden Retriever	그림 162
오벌 테이퍼르드 체스트 Oval Tapered Chest	보르조이 borzoi	그림 163

배럴 체스트 Barrel Chest

술통 가슴.

마치 술통 같은 형태의 가슴으로 술통 모양처럼 지나치게 둥근 형태이다. 수직 단면으로 절단했을 때 원형이 된다.

견종예시: 새머예드 Samoyed, 체서피그 베이 리트리버르 Chesapeake Bay Retriever

견종표준

Chesapeake Bay Retriever :

"Rib cage **barrel** round and deep."

Samoyed :

"Should not be **barrel-chested**."

그림 160. 배럴 체스트 Barrel Chest : 체서피그 베이 리트리버르 Chesapeake Bay Retriever

서르큘러르 체스트 Circular Chest

원형 가슴.

원형 가슴은 심장과 폐의 저장공간을 최대로 해주며 구조적으로 가장 강한 가슴의 형태이다. 원형 가슴은 앞다리가 넓게 퍼져 있어 몸이 뒤집어지는 것을 막아준다.

그림 161. 서르큘러르 체스트 Circular Chest : 불독 Bulldog

🏠 에그 세이프트 체스트 Egg-shaped Chest

타원형 가슴.

오벌 체스트 Oval Chest 참조.

🏠 오벌 체스트 Oval Chest

타원형 가슴.

대부분의 견종에서 요구되는 정상적인 가슴. 견갑 바로 뒤의 흉부 단면이 계란형으로 팔꿈치까지는 크기가 감소하나 그 뒤 부분은 최대 타원 형태로 확장된다. 이는 움직임의 효율성을 극대화하기 위하여 심장과 폐의 공간을 최대로 만들어준다.

🐾 견종표준

Field Spaniel :

"Ribs are **oval**, ⋯ "

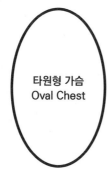

그림 162. 오벌 체스트 Oval Chest : 골던 리트리버르 Golden Retriever

⌂ 오벌 테이퍼르드 체스트 Oval Tapered Chest

폭이 좁고 깊은 가슴.

견갑골이 좀 더 효율적으로 움직일 수 있다. 이러한 형태는 다리가 한 점으로 모이는 것을 가능하게 한다. 편평한 옆가슴은 무게에 대한 표면적을 넓게 하여 더운 기후에 적응하는 데 도움을 준다.

폭이 좁고
깊은 가슴
Oval Tapered Chest

그림 163. **오벌 테이퍼르드 체스트** Oval Tapered Chest : 보르조이 borzoi

⌂ 페어 쉐이프트 체스트 Pear-shaped Chest

타원형 가슴.

오벌 체스트 Oval Chest 참조.

치즐드 CHISELED

윤곽이 뚜렷한.

두부, 특히 눈 아래가 튼튼하여 살집이 없거나 조각한 것처럼 윤곽이 확실하게 드러난 형태.

🐾 **견종예시:** 잉글리시 카커르 스패니얼 English Cocker Spaniel

🐾 **견종표준**

Cocker Spaniel :

"The bony structure beneath the eyes is well **chiseled** with no prominence in the cheeks."

그림 164. **치즐드 Chiseled : 잉글리시 카커르 스패니얼 English Cocker Spaniel**

치키 CHEEKY

볼이 처진.

볼이 발달해서 현저하게 둥근 느낌을 주거나 근육이 두껍게 된 얼굴로 과도한 근육조직의
발달에 의해 발생한다. 관자뼈가 돌출한 것도 여기에 해당된다. 리트리버르 Retriever는
새를 물고 운반하기 위해서 턱의 발달이 필요하지 않아 부드러운 주둥이를 가지고 있다. 따
라서 래브러도르 리트리버르 Labrador Retriever에서 치키는 바람직하지 않다.

　🐶 **견종예시:** 스태퍼르드셔르 불 테리어르 Staffordshire Bull Terrier, 어메리컨 스태퍼르드셔르 테리
　　　어르 American Staffordshire Terrier

　🐾 **견종표준**

　　American Staffordshire Terrier :

　　" ⋯ very pronounced cheek muscles ⋯"

(가) 어메리컨 스태퍼르드셔르 테리어르 American Staffordshire Terrier

(나) 피킹이즈 Pekingese

그림 165. 치키 Cheeky

칙 CHEEK

뺨.

눈의 아래, 윗 입술의 위쪽, 머리 옆쪽의 살이 있는 부분.

카비 COBBY

옹골진 몸통.

정방형의 몸통을 의미. 늑골과 근육의 발달이 좋고 몸통이 짧으며 작고 단단한(스마트한) 형
태를 말한다.

견종예시: 몰티즈 Maltese, 퍼그 Pug

견종표준

Pug :

"General Appearance: Symmetry and general appearance are decidedly
square and **cobby**."

(가) 몰티즈 Maltese   (나) 퍼그 Pug

그림 166. **카비** Cobby

칸포르메이션 CONFORMATION

구조.

각 신체구조물의 발달과 그 연관 및 윤곽에 의해서 결정되는 전체적인 모습이나 구조.

캡 CAP

모자.

나이트 캡을 쓴 것처럼 두개부 위에 있는 어두운 색 무늬.

여성 이마의 머리털이 V자형으로 난 자리와 비슷하다하여 **위도스 픽** Widow's Peak이라고도 한다.

🎧 **견종예시:** 블랙 러션 테리어 Black Russian Terrier, 사이비어리언 허스키 Siberian Husky, 얼래스컨 맬러뮤트 Alaskan Malamute

⚙ **견종표준**

Alaskan Malamute :

"Face markings are a distinguishing feature. These consist of a **cap** over the head, the face either all white or marked with a bar and/or mask."

Black Russian Terrier :

"The furnishings on the head form a fall over the eyes and a moustache and beard on the muzzle."

Dachshund :

"The pattern usually displays a **widow's peak** on the head."

Siberian Husky :

"A variety of markings on the head is common, including many striking patterns not found in other breeds."

(가) 블랙 러션 테리어르 Black Russian Terrier　　　(나) 얼래스컨 맬러뮤트 Alaskan Malamute

그림 167. 캡 Cap

커플링 COUPLING

결합.

결합은 연결의 의미. 최후미의 늑골과 관골 사이를 연결하는 몸통 부위로 즉, 흉부와 엉덩이 부분의 중간으로 넓은 의미의 요부이다.

🏠 쇼르트 커플드 Short Coupled

짧은 결합.

마지막 늑골에서 엉덩이까지 거리(공간)가 짧은 것을 말한다.

컨디션 CONDITION

상태.

외모와 행동에 의해서 나타나는 체력 또는 건강에 대한 모양. 예를 들면 근육 발달, 코트의 상태, 표현 등 모든 외부로 보이는 신호.

컬러르 브리딩 COLOR BREEDING

색채 번식.

모색을 중시하는 계획 번식으로 유전 법칙의 지식을 응용한 선택 교배이다. 일반적으로 칼리

Collie의 암갈색(세이블 Sable)은 삼색(트라이컬러르 Tricolor)에 대해 우성이며 대리석색(블루 멀 Blue Merle)과 삼색(트라이컬러르 Tricolor)를 교배하면 대리석색(블루멀)이 우성을 나타낸다. 이외에 스피츠 Spitz의 레몬색과 황갈색(레먼 탠 Lemon Tan)도 순백색(화이트 White)에 대해 우성으로 알려져 있다. 일반적으로 검은색(블랙 Black)은 모든 색에 대해 우성이나 크림색(크림 Cream)은 빨간색(레드 Red)에 열성이고 황갈색(탠 Tan)도 얼룩색(브린들 Brindle)에 대해 열성이다.

컷 업 CUT-UP

턱 업 Tuck-up 참조.

케이지 CAGE

크레이트 Crate 참조.

코르스 COARSE

과중한.
코르스니스 Coarseness 참조.

코르스니스 COARSENESS

과중함.
전체적인 구성에 적용되며 특히 뼈와 머리 또는 근육의 비율에 사용되는 용어이다. 개에서 세련됨이 부족하다고 하는 것은 과중하고 지나침이 명확하며 너무 클 때 또는 요구되는 것보다 더 품위가 없는 체형을 가지고 있는 것을 의미한다. 또한 목과 몸 주위 피부가 늘어져 있는 것을 언급할 때에도 사용된다. 많은 견종표준에서 과중함은 결점으로 표기된다.

🐾 견종예시: 미니어처르 슈나우저르 Miniature Schnauzer

🐾 견종표준

Miniature Schnauzer :

"Faults - Type - Toyishness, ranginess or **coarseness**."

코트 COAT

피모.

개의 피부에 빽빽하게 나있는 털을 말한다. 피부에 박혀있는 부분 즉, 두피에 숨어있는 부분을 **털뿌리**(모근 毛根)라 하고 밖으로 드러난 부분을 **털줄기**(모간 毛幹)라고 한다. 털줄기의 끝인 털끝을 **호말**(毫末)이라고도 한다. 털줄기는 중앙의 **모수질**(毛髓質, 머덜러 Medulla)과 두터운 **모피질**(毛皮v質, 코르텍스 Cortex) 및 바깥쪽 **모표피**(毛表皮, 큐티클 Cuticle)로 구성되어 있다. 피모는 대게 단단한 **상모**(上毛, 탑코트 Topcoat)와 수질이 없어 부드러운 **하모**(下毛, 언더르 코트 Undercoat)로 이루어지며 일정시간 혹은 계절에 따라 오래된 털이 새로운 털로 바뀌어 봄에는 **하모**(夏毛, 섬머르 코츠 Summer Coats), 가을에는 **동모**(冬毛, 윈터르 코츠 Winter Coats)가 된다. 재생기에는 하루 0.18mm씩 털이 자란다. 피모는 기후와 외상으로부터 신체를 보호하며 등부분은 길고 두텁고 머리 부분은 짧다. 견종과 개체에 따라 피모의 길이 · 굵기 · 단단함 · 질감 · 색조 등이 매우 다양하다.

구분	견종 예시
단모종	도베르먼 핀셔르 Doberman Pinscher, 박서르 Boxer, 포인터르 Pointer 등
중 · 장모종	골던 리트리버르 Golden Retriever, 저르먼 셰퍼르드 독 German Shepherd Dog 등
장모종	애프갠 하운드 Afghan Hound, 올드 잉글리시 십독 Old English Sheepdog 등
무모종	멕시컨 헤어르리스 Mexican Hairless, 차이니즈 크레스티드 Chinese Crested 등

코트 타입스 COAT TYPES

피모 유형.

코트 타입스 Coat Types	대표 견종	참고
롱 코트 Long Coat	롱헤어르드 닥스훈드 Longhaired Dachshund	그림 168
섀기 Shaggy	올드 잉글리시 십독 Old English Sheepdog	그림 169
스무드 코트 Smooth Coat	불 테리어르 Bull Terrier	그림 170
스탠드 오프 코트 Stand-off Coat	새머예드 Samoyed	그림 171
실키 코트 Silky Coat	실키 테리어르 Silky Terrier	그림 172
와이어르 코트 Wire Coat	와이어르 팍스 테리어르 Wire Fox Terrier	그림 173
와이어리 코트 Wiry Coat	에어르데일 테리어르 Airedale Terrier	그림 174
울리 코트 Woolly Coat	아터르하운드 Otterhound	그림 175
웨이비 코트 Wavy Coat	잉글리시 토이 스패니얼 English Toy Spaniel	그림 176
커르리 코트 Curly Coat	커르리 코티드 리트리버르 Curly-coated Retriever	그림 177
코르디드 코트 Corded Coat	카먼도르 Komondor	그림 178

🏠 가르드 코트 Guard Coat

보호 털.

보통 표면에 나타나지 않는 하모(언더르 코트 Undercoat)에서 돌출된 길고 곧으며 강하고 단단한 피모를 말한다.

🏠 더블 코트 Double Coat

이중모 二重毛. 이중 털.

악천후와 찰과상으로부터 개의 몸을 보호하는 상모(오버르코트 Overcoat)와 체온을 유지·조절하거나 지방을 포함하여 방수성을 갖는 하모(언더르코트 Undercoat)로 이루어진다.

🐾 **견종예시:** 골던 리트리버르 Golden Retriever, 미니어쳐르 슈나우저르 Miniature Schnauzer, 버르니즈 마운턴 독 Bernese Mountain Dog, 사이비어리언 허스키 Siberian Husky, 셔틀런드 십독 Shetland Sheepdog, 피머레이니언 Pomeranian

🐾 **견종표준**

Golden Retiever :

"Dense and water-repellent with good undercoat. Outer coat firm and resilient, neither coarse nor silky, lying close to body; may be straight or wavy."

Pomeranian :

"The Pomeranian is a **double-coated breed.**"

Siberian Husky :

"The coat of the Siberian Husky is **double** and medium in length, giving a well furred appearance, but is never so long as to obscure the clean-cut outline of the dog."

🏠 롱 코트 Long Coat

장모 長毛. 긴 털.

롱 헤어드 Long haired라고도 한다. 장모는 발육이 좋은 털로 단단한 것과 말림이 강한 것이 있다. 중국이 원산지인 개들에게 많으며 소형견의 경우 인위 선택에 의한 것이 많다. 몰티즈 Maltese나 요르크셔르 테리어 Yorkshire Terrier 등이 여기로 속한다. 중형견은 스코틀랜드의 러프 칼리 Rough Collie, 대형견은 애프갠 하운드 Afghan Hound가 대표적이다. 닥스훈드 Dachshund는 롱 헤어르드 Long haired 라고 표현하지만, 치와와 Chihuahua 장모변종은 롱 헤어르드 Long haired라고 하지 않고 롱 코트 Long Coat라고 하는데 주의해야 한다.

- Dachshund : Long haired Dachshund
- Chihuahua : Long Coats Chihuahua

(가) 롱 헤어르드 닥스훈드 Longhaired Dachshund

(나) 애프갠 하운드 Afghan Hound

(다) 치와와 Chihuahua

그림 168. 롱 코트 Long Coat

🏠 새기 Shaggy

복실복실한 털.

올드 잉글리시 십독 Old English Sheepdog과 같이 덥수룩한 털을 말한다.

🐾 **견종예시:** 올드 잉글리시 십독 Old English Sheepdog, 케어른 테리어르 Cairn Terrier

🐾 **견종표준**

Old English Sheepdog :

"Profuse, but not so excessive as to give the impression of the dog being overly fat, and of a good hard texture; not straight, but **shaggy** and free from curl."

(가) 올드 잉글리시 십독 Old English Sheepdog　　　(나) 케어른 테리어르 Cairn Terrier

그림 169. 새기 Shaggy

🏠 스무드 코트 Smooth Coat

매끄러운 털.

롱 코트와 대조적인 단모로 짧은 일직선상의 피모가 몸 뒤쪽으로 누워 부드럽고 광택이 난다. 숏 헤어르드 Short haired 또는 스무드 헤어르드 Smooth haired라고도 한다. 단모도 1mm 정도의 극단모에서 다소 긴 스무드 칼리 Smooth Collie, 중간 정도의 라트와일러르 Rottweiler까지 다양하다. 치와와 Chihuahua 단모종은 스무드 헤어르드 Smooth haired라고 하지 않고 스무드 코트 Smooth Coat라고 한다. 반면 칼리 Collie의 단모 변종은 스무드 Smooth라고만 한다.

ㅋ

🐾 **견종예시:** 불 테리어르 Bull Terrier

🐾 **견종표준**

Bull Terrier :

"Coat: Should be short, flat, harsh to the touch and with a fine gloss. The dog's skin should fit tightly."

그림 170. 스무드 코트 Smooth Coat : 불 테리어르 Bull Terrier

🏠 **스탠드 오프 코트 Stand-off Coat**

서있는 털.

털이 피부방향으로 누워 있지 않고 바깥쪽으로 길고 강한 상모가 뻗어나 있으며 그 안으로는 부드럽고 짧으며 두껍고 빽빽하게 하모가 있는 상태.

🐾 **견종예시:** 케이스한드 Keeshond, 피머레이니언 Pomeranian, 새머예드 Samoyed

🐾 **견종표준**

Keeshond :

"The body should be abundantly covered with long, straight, harsh hair **standing well out** from a thick, downy undercoat."

Pomeranian :

"The body should be well covered with a short, dense undercoat with long harsh-textured guard hair growing through, forming the longer abundant outer coat which **stands off** from the body."

Samoyed :

"The body should be well covered with an undercoat of soft, short, thick, close wool with longer and harsh hair growing through it to form the outer coat, which **stands straight out** from the body and should be free from curl."

(가) 새머예드 Samoyed

(나) 케이스한드 Keeshond

그림 171. 스탠드 오프 코트 Stand-off Coat

🏠 스테어링 코트 Staring Coat

곤두선 털.

거칠고 건조하며 끝이 말린 나쁜 상태의 털을 말하며 질병이 있는 개에게 많이 나타
난다.

🏠 실키 코트 Silky Coat

광택 털.

비단처럼 광택이 나고 섬세하며 부드러운 장모를 말한다. 실키 테리어 Silky Terrier,
요르크셔르 테리어 Yorkshire Terrier가 대표적이다.

(가) 실키 테리어 Silky Terrier

(나) 요르크셔르 테리어 Yorkshire Terrier

그림 172. **실키 코트** Silky Coat

🏠 싱글 코트 Single Coat

단일모 單一毛.

아래 털을 가지지 않은 것으로 한 개의 모낭에서 한 개의 털만 자라는 것을 말한다.

🏠 언더르 코트 Under Coat

하모 下毛 또는 下層毛. 아래 털.

오버르 코트보다 짧으며 부드러운 솜털이 빽빽(밀생 密生)하다. 겨울철에는 체온 유지를 위해 가장 두텁게 밀생하며 반대로 여름에는 털이 빠진다.

🏠 오버르 코트 Over Coat

상모 上毛 또는 상층모 上層毛. 위 털.

보통 하모보다 모질이 길고 단단하며 거칠다. 사람의 겉옷에 해당된다는 의미로 이런 이름이 붙여졌다.

🏠 와이어르 코트 Wire Coat

철사와 같이 강한 털.

와이어 Wire 또는 와이어 헤어르드 Wire haired라고 한다. 상모가 단단하고 바삭거리며 철사와 같은 강한 느낌의 모질을 말한다.

> 🐾 **견종예시:** 와이어르 팍스 테리어르 Wire Fox Terrier

> 🐾 **견종표준**

Wire Fox Terrier :

"The best coats appear to be broken, the hairs having a tendency to twist, and are of dense, **wiry** texture - like coconut matting - the hairs growing so closely and strongly together that, when parted with the fingers, the skin cannot be seen."

그림 173. 와이어르 코트 Wire Coat : 와이어르 팍스 테리어르 Wire Fox Terrier

🏠 와이어리 코트 Wiry Coat

철사와 같이 강한 털.

거칠고 단단하며 강한 털이다.

👤 **견종예시:** 에어르데일 테리어르 Airedale Terrier

🐾 **견종표준**

Airedale Terrier

"Should be hard, dense and **wiry**, lying straight and close, covering the dog well over the body and legs."

그림 174. **와이어리 코트 Wiry Coat** : 에어르데일 테리어 Airedale Terrier

🏠 울리 코트 Woolly Coat

양털과 같은 털.

부드러운 양털같은 피모는 하모(언더르 코트 Under coat)의 특징이다. 특히 자연의 법칙에 따라 북방견종에서 두텁다. 오터르 독 Water Dog의 피모에는 지방분을 포함하고 있어서 물을 튀겨낸다.

🐕 **견종예시:** 아터르하운드 Otterhound

Otterhound :

"A water-resistant undercoat of short **wooly**, slightly oily hair is essential, but in the summer months may be hard to find except on the thighs and shoulders."

그림 175. 울리 코트 Woolly Coat : 아터르하운드 Otterhound

🏠 웨이비 코트 Wavy Coat

파상모 波狀毛. 물결 모양 털.

파상모는 직상모와는 달리 상모가 물결 모양을 이루는 피모로 에어르데일 테리어르 Airedale Terrier는 단단한 피모로 물결 모양이 완만하나, 잉글리시 토이 스패니얼 English Toy Spaniel과 같은 부드러운 장모종은 물결 모양이 뚜렷하다.

🐕 **견종예시:** 에어르데일 테리어르 Airedale Terrier, 잉글리시 토이 스패니얼 English Toy Spaniel

🐾 **견종표준**

English Toy Spaniel :

"The coat is straight or only slightly **wavy**, with a silken, glossy texture."

(가) 에어르데일 테리어르 Airedale Terrier

(나) 잉글리시 토이 스패니얼 English Toy Spaniel(킹 찰즈 블랙 언 탠 King Charles-Black and Tan)

그림 176. 웨이비 코트 Wavy Coat

🏠 커르리 코트 Curly Coat

권모 卷毛 또는 권축모 卷畜毛. 말린 털.

종류가 다양하며 푸들 Poodle처럼 촉감이 거칠고 비교적 완만하게 말린 형태와 커르리 코티드 리트리버르 Curly-Coated Retriever처럼 전신이 강하게 말린 형태로 나눌 수 있다. 베들링턴 테리어르 Bedlington Terrier의 경우 두부와 안면의 피모가 말려 있다.

🐾 견종예시: 베들링턴 테리어르르 Bedlington Terrier, 커르리 코티드 리트리버르 Curly-Coated Retriever

🐾 견종표준

Bedlington Terrier:

"Crisp to the touch but not wiry, having a tendency to **curl**, especially on the head and face."

Curly-Coated Retriever:

"The body coat is a thick mass of small, tight, crisp **curls**, lying close to the skin, resilient, water resistant, and of sufficient density to provide protection against weather, water and punishing cover. **Curls** also extend up the entire neck to the occiput, down the thigh and back leg to at least the hock, and over the entire tail."

(가) 베들링턴 테리어 Bedlington Terrier

(나) 커르리 코티드 리트리버르 Curly-Coated Retriever

그림 177. 커르리 코트 Curly Coat

🏠 코르디드 코트 Corded Coat

승상모 繩狀毛.

짚으로 꼬아 만든 새끼줄과 같다하여 붙여진 이름으로 로프 코트 Rope Coat라고도 한다. 여러 개의 장모가 서로 얽혀 새끼줄 형태를 이루며 두부 혹은 몸통에서 늘어져 독특한 외관을 나타낸다. 대표적인 견종으로는 코르디드 푸들 Corded Poodle을 들 수 있으며 헝가리 목양견 풀리 Puli와 카먼도르 Komondor도 같은 유형이다.

🎧 **견종예시:** 카먼도르 Komondor, 푸들 Poodle, 풀리 Puli

🐾 **견종표준**

Komondor :

"The puppy coat is relatively soft, but it shows a tendency to fall into **cord-like curls**."

Poodle :

"(2) **Corded**: hanging in tight even cords of varying length; longer on mane or body coat, head, and ears; shorter on puffs, bracelets, and pompons."

Puli :

"⋯will form **cords** in the adult."

(가) 카먼도르 Komondor

(나) 코르디드 푸들 Corded Poodle

(다) 풀리 Puli

그림 178. **코르디드 코트 Corded Coat**

🏠 하르시 코트 Harsh Coat

와이어리 코트 Wiry Coat 참조.

코트 마르킹스 COAT MARKINGS

털 반점.

코트 마르킹스 Coat Markings	대표 견종	참조
매스크 Mask	그레이트 데인 Great Dane	그림 179
맨틀 Mantle	세인트 버르너르드 Saint Bernard	그림 180
머즐 밴드 Muzzle Band	보스턴 테리어르 Boston Terrier	그림 181
배저르 마르킹 Badger Marking	실리햄 테리어르 Sealyham Terrier	그림 182
벨턴 Belton	잉글리시 세터르 English Setter	그림 183
뷰티 스팟 Beauty Spot	캐벌리어르 킹 찰즈 스패니얼 Cavalier King Charles Spaniel	그림 184
블랭킷 Blanket	어메리컨 팍스하운드 American Foxhound	그림 185
블레이즈 Blaze	버르니즈 마운턴 독 Bernese Mountain Dog	그림 186
삭스 Socks	이비전 하운드 Ibizan Hound	그림 187
새들 Saddle	비글 Beagle	그림 188
썸 마르크스 Thumb Marks	맨체스터르 테리어르 Manchester Terrier	그림 189
스팟 Spot	댈메이션 Dalmatian	그림 190
스플래시 Splash	잉글리시 세터르 English Setter	그림 191
칼러르 Collar	러프 칼리 Rough Collie	그림 192
키스 마르크스 Kiss Marks	라트와일러르 Rottweiler	그림 193
트레이스 Trace	퍼그 Pug	그림 194
펜설링 Pencilling	맨체스터르 테리어르 Manchester Terrier	그림 195

ㅋ

🏠 매스크 Mask

가면.

매스티프 Mastiff나 박서르 Boxer 및 피킹이즈 Pekingese에서 볼 수 있는 이마 및 주둥이가 검은 것. 특히 블랙 매스크 Black Mask라고도 한다. 얼래스컨 맬러뮤트 Alaskan Malamute는 두정부와 눈 주위에 매스크를 가지고 있다. 또한 매스크는 장모종(예 : 저르먼 셰퍼르드 독 German Shepherd Dog)에서 상대적으로 짧은 털이 있는 머리 부분을 말할 때에도 사용한다.

🐾 견종예시: 그레이트 데인 Great Dane, 얼래스컨 맬러뮤트 Alaskan Malamute, 저르먼 셰퍼르드 독 German Shepherd Dog

🐾 견종표준

Great Dane :

"Brindle shall have a black chevron pattern with a **black mask**."

"Black should appear on the eye rims and eyebrows with a **black mask** and may appear on the ears and tail tip."

(가) 그레이트 데인 Great Dane : 머즐 매스크 Muzzle Mask-블랙 매스크 Black Mask

(나) 얼래스컨 맬러뮤트 Alaskan Malamute – 두정부와 눈 주의의 마스크

(다) 저르먼 셰퍼르드 독 German Shepherd Dog – 머리 부분의 짧은 털

그림 179. 매스크 Mask

맨틀 Mantle

망토.

망토를 걸친 것처럼 어깨 · 등 · 몸통 양 옆에 크고 짙은 반점.

> 견종예시: 그레이트 데인 Great Dane, 세인트 버르너르드 Saint Bernard, 얼래스컨 맬러뮤트 Alaskan Malamute

> 견종표준

Great Dane :

"**Mantle** Color: Black and white with a black blanket extending over the body."

Alaskan Malamute :

"The Malamute is **mantled**, and broken colors extending over the body or uneven splashing are undesirable."

그림 180. **맨틀 Mantle** : 세인트 버르너르드 Saint Bernard

🏠 머즐 밴드 Muzzle Band

주둥이의 백색 반점.

🐕 **견종예시:** 보스턴 테리어 Boston Terrier

🐾 **견종표준**

Boston Terrier :

"Required Markings: White **muzzle band**, white blaze between the eyes, white forechest."

그림 181. 머즐 밴드 Muzzle Band : 보스턴 테리어 Boston Terrier

🏠 배저르 마르킹 Badger Marking

오소리색 반점.

오소리 반점이라고 한다. 그레이 Gray, 탠 Tan, 화이트 White가 섞인 오소리 피모색 반점으로 실리햄 테리어 Sealyham Terrier의 두부나 귀, 피러니즈 마운턴 독 Pyrenees Mountain Dog의 두개부 및 꼬리 기저에서 볼 수 있다.

🐕 **견종예시:** 실리햄 테리어 Sealyham Terrier, 피러니즈 마운턴 독 Pyrenees Mountain Dog

🐾 **견종표준**

Sealyham Terrier :

"All white, or with lemon, tan or **badger markings** on head and ears."

그림 182. 배저르 마르킹 Badger Marking : 실리햄 테리어르 Sealyham Terrier

🏠 벨턴 Belton

반점무늬.

잉글리시 세터르 English Setter의 가장 매력적인 모색 중 하나인 벨턴 Belton은 하얀 바탕에 작은 반점이 전신에 균등하게 흩어져 있는 것을 말한다. 모색에 따라 블루 벨턴 Blue Belton, 오렌지 벨턴 Orange Belton, 리버르 벨턴 Liver Belton, 레몬 벨턴 Lemon Belton이 있다.

🐾 **견종예시:** 잉글리시 세터르 English Setter

😺 **견종표준**

English Setter :

"Color-orange belton, blue belton (white with black markings), tricolor (blue belton with tan on muzzle, over the eyes and on the legs), lemon belton, liver belton."

(가) 블루 벨턴 Blue Belton

(나) 오린지 벨턴 Orange Belton

그림 183. 벨턴 Belton : 잉글리시 세터르 English Setter

뷰티 스팟 Beauty Spot

미점 美點.

동의어 – 입맞춤 점(키싱 스팟 Kissing Spot), 마름모꼴 표시(라진지 마르크 Lozenge Mark)

귀 사이의 두개부(탑스컬 Topskull) 중앙에 강한 흰색으로 둘러싸인 일반적으로 둥글고 유색인 뚜렷한 반점.

견종예시: 보스턴 테리어르 Boston Terrier, 캐벌리어르 킹 찰즈 스패니얼 Cavalier King Charles Spaniel

견종표준

Boston Terrier :

"Desired Markings : White muzzle band, even white blaze between the eyes and over the head, …"

Cavalier King Charles Spaniel :

"The ears must be chestnut and the color evenly spaced on the head and surrounding both eyes, with a white blaze between the eyes and ears, in the center of which may be the **lozenge** or 'Blenheim spot.'"

ㅋ

그림 184. 뷰티 스팟 Beauty Spot : 캐벌리어르 킹 찰즈 스패니얼 Cavalier King Charles Spaniel

🏠 블랭킷 Blanket

안장 모양의 털.

목과 꼬리 사이의 등, 몸통 쪽에 모포를 입은 것처럼 넓게 퍼져 있는 모색.

🐾 **견종예시:** 비글 Beagle, 어메리컨 팍스하운드 American Foxhound

(가) 비글 Beagle

(나) 어메리컨 팍스하운드 American Foxhound

그림 185. 블랭킷 Blanket

🏠 블레넘 스팟 Blenheim Spot

뷰티 스팟 Beauty Spot 참조.

🏠 블레이즈 Blaze

긴 백색 띠.

보통 전두부 중앙에서 양 눈 사이를 통해 두개부로 지나가는 가늘고 긴 백색 띠.

두정부에서 시작하여 주둥이까지 나타나는 띠로, 에어르데일 테리어르 Airedale Terrier처럼 비슷한 형태가 가슴에 있을 수 있다.

🐾 **견종예시:** 버르니즈 마운턴 독 Bernese Mountain Dog, 보스턴 테리어르 Boston Terrier, 비글 Beagle

🐾 **견종표준**

Airedale Terrier :

"A small white **blaze** on the chest is a characteristic of certain strains of the breed."

Bernese Mountain Dog :

"There is a white **blaze** and muzzle band."

Boston Terrier :

"Required Markings: White muzzle band, white **blaze** between the eyes, white forechest."

(가) 버르니즈 마운턴 독 Bernese Mountain Dog

(나) 세인트 버르너르드 Saint Bernard

ㅋ

(다) 아이리시 울프하운드 Irish Wolfhound

그림 186. 블레이즈 Blaze

🏠 삭스 Socks

발과 발목에 있는 흰색 반점.

이러한 반점이 전완이나 하퇴에 있으면 **스타킹스** Stockings라고 부른다.

🐶 **견종예시:** 이비전 하운드 Ibizan Hound, 차이니즈 크레스티드 Chinese Crested

🐾 **견종표준**

Beauceron :

"Black and Tan – ··· on the legs the markings extend from the feet to the pasterns, progressively lessening, though never covering more than one-third of the leg, rising slightly higher on the inside of the leg."

Chinese Crested :

"The Hairless variety has hair on certain portions of the body: the head (called a crest), the tail (called a plume) and the feet from the toes to the front pasterns and rear hock joints (called socks)."

Redbone Coonhound :

" Faults – ··· White **stockings** on legs."

(가) 이비전 하운드 Ibizan Hound | (나) 차이니즈 크레스티드 Chinese Crested

그림 187. 삭스 Socks

🏠 **새들 Saddle**

안장 모양 반점.

말의 등에 안장을 얹은 것과 같은 검은색 반점.

🐾 **견종예시:** 레이크랜드 테리어 Lakeland Terrier, 비글 Beagle

🐾 **견종표준**

Lakeland Terrier :

"In **saddle** marked dogs, the saddle covers the back of the neck, back, sides and up the tail. A saddle may be blue, black, liver, or varying shades of grizzle. The remainder of the dog (head, throat, shoulders, and legs) is a wheaten or golden tan."

그림 188. 새들 Saddle : 비글 Beagle

🏠 셀프 마르크트 Self Marked

비모색 반점.

단일 모색을 가지고 있는 견종에서 가슴 · 발가락 · 꼬리 끝에 흰색이나 청색 반점 (보통은 검은색).

그림 303 참조.

🏠 썸 마르크스 Thumb Marks

엄지 모양 반점.

검은색 반점으로 견종에 따라 다양하게 위치할 수 있다. ① 맨체스터 테리어르 Manchester Terrier의 전지 패스터른에서 볼 수 있는 검은색 반점. ② 잉글리시 토이 테리어르 English Toy Terrier의 턱 아래의 검은색 반점. ③ 퍼그 Pug의 전두부에 있는 검은색 반점. **다이어먼드 Diamond**라고도 한다.

🐾 **견종예시:** 맨체스터 테리어르 Manchester Terrier, 잉글리시 토이 테리어르 English Toy Terrier, 퍼그 Pug

🐾 **견종표준**

English Toy Spaniel :

"The Blenheim often carries a **thumb mark** or "Blenheim Spot" placed on the top and the center of the skull."

Manchester Terrier :

"There should be a black "**thumbprint**" patch on the front of each foreleg at the pastern."

Pug :

"The markings are clearly defined. The muzzle or mask, ears, moles on cheeks, **thumb mark or diamond** on forehead, … "

(가) 섬 마르크스 Thumb Marks : 맨체스터르 테리어르 Manchester Terrier

(나) 다이어먼드 Diamond : 퍼그 Pug

그림 189. 썸 마르크스 Thumb Marks

🏠 스팟 Spot

반점.

댈메이션 Dalmatian에서 쉽게 볼 수 있으며 순백 바탕에 검은색 혹은 리버르 스팟 Liver Spot이 전신에 퍼져 있어야 하며 작은 동전만한 크기여야 한다.

🐶 **견종예시:** 댈메이션 Dalmatian

🐾 **견종표준**

Dalmatian :

"The ground color is pure white. In **black-spotted** dogs the spots are dense black. In **liver-spotted** dogs the spots are liver brown."

그림 190. 스팟 Spot : 댈메이션 Dalmatian

🏠 **스플래시 Splash**

전신 불규칙 반점.

흐트러진 모양. 반점이 불규칙하게 흐트러져 있는 상태.

🐶 **견종예시:** 얼래스컨 맬러뮤트 Alaskan Malamute, 잉글리시 세터르 English Setter, 치와와 Chihuahua

🐾 **견종표준**

Alaskan Malamute :

"The Malamute is mantled, and broken colors extending over the body or uneven **splashing** are undesirable."

Chihuahua :

"Any color - Solid, marked or **splashed**."

그림 191. 스플래시 Splash : 잉글리시 세터 English Setter

🏠 칼러르 Collar

목 백색 띠.

목 주변을 감싸고 있는 폭 넓은 백색 반점.

🐶 **견종예시:** 러프 칼리 Rough Collie, 얼래스컨 맬러뮤트 Alaskan Malamute

🐾 **견종표준**

Alaskan Malamute :

"A white blaze on the forehead and/or **collar** or a spot on the nape is attractive and acceptable."

Rough Collie :

"The 'Sable and White' is predominantly sable (a fawn sable color of varying shades from light gold to dark mahogany) with **white markings** usually on the chest, neck, legs, feet and the tip of the tail."

그림 192. 칼러르 Collar : 러프 칼리 Rough Collie

🏠 키싱 스팟 Kissing Spot

볼 반점.

뷰티 스팟 Beauty Spot 참조.

🏠 키스 마르크스 Kiss Marks

볼 반점.

도베르먼 핀셔르 Doberman Pinscher나 라트와일러르 Rottweiler처럼 블랙 언 탠 Black and Tan 모색 견종의 볼에 있는 탠 Tan 반점 또는 버르니즈 마운턴 독 Bernese Mountain Dog처럼 블랙 언 탠 언 화이트 Black and Tan and White 모색 견종의 볼에 있는 탠 Tan 반점.

👤 견종예시: 라트와일러르 Rottweiler, 버르니즈 마운턴 독 Bernese Mountain Dog

🐾 견종표준

Bernese Mountain Dog :

"The markings are rich rust and clear white. Symmetry of markings is desired. Rust appears over each eye, on the cheeks reaching to at least the corner of the mouth, … "

Rottweiler :

"The markings should be located as follows: a spot over each eye; on cheeks;… "

그림 193. 키스 마르크스 Kiss Marks : 라트와일러르 Rottweiler

🏠 트레이스 Trace

등 띠.

폰(엷은 황갈색 Fawn) 털색의 등줄기를 따라 검은색이 늘어져 있는 것. 후두부에서 꼬리까지 길게 늘어져 있다.

👤 **견종예시:** 퍼그 Pug

🐾 **견종표준**

Pug :

"The **trace** is a black line extending from the occiput to the 2."

그림 194. 트레이스 Trace : 퍼그 Pug

🏠 펜실링 Pencilling

발가락 반점.

맨체스터 테리어르 Manchester Terrier의 발가락에 있는 검은 선.

🧑 **견종예시:** 맨체스터 테리어르 Manchester Terrier, 블랙 언 탠 쿤하운드 Black and Tan Coonhound

🐾 **견종표준**

Black and Tan Coonhound :

"… with black **pencil markings** on toes."

Manchester Terrier :

"There should be a distinct black 'pencil mark' line running lengthwise on the top of each toe on all four feet."

German Pinscher :

"**Pencil marks** on the toes are acceptable."

그림 195. 펜설링 Pencilling : 맨체스터르 테리어르 Manchester Terrier

🏠 **펜설 마르크스 Pencil Marks**

펜설링 Pencilling 참조.

코트 컬러르스 COAT COLORS

모색 毛色.

코트 컬러르스 Coat Colors	대표 견종	참조
골던 리버르 Golden Liver	서식스 스패니얼 Sussex Spaniel	그림 196
골던 컬러르 Golden Color	골던 리트리버르 Golden Retriever	그림 197
그래이 Gray	노르위전 엘크하운드 Norwegian Elkhound	그림 198
그리즐 Grizzle	레이크랜드 테리어르 Lakeland Terrier	그림 199
다르크 세이블 Dark Sable	피머레이니언 Pomeranian	그림 200
데드그래스 Deadgrass	체서피그 베이 리트리버르 Chesapeake Bay Retriever	그림 201
러비 Ruby	캐벌리어르 킹 찰즈 스패니얼 Cavalier King Charles Spaniel	그림 202
레드 Red	차우차우 Chow Chow	그림 203
레먼 Lemon	포인터르 Pointer	그림 204
론 Roan	오스트레일리언 캐틀 독 Australian Cattle Dog	그림 205
리버르 Liver	아이리시 오터르 스패니얼 Irish Water Spaniel	그림 206
리버르 언 화이트 Liver and White	브리터니 Brittany	그림 207
마우스 그레이 Mouse Gray	니어팔러턴 매스티프 Neapolitan Mastiff	그림 208
머스터르드 Mustard	댄디 딘만트 테리어르 Dandie Dinmont Terrier	그림 209
머하거니 Mahogany	아이어리시 세터르 Irish Setter	그림 210
배저르 Badger	그레이트 피러니즈 Great Pyrenees	그림 211
버프 Buff	어메리컨 카커르 스패니얼 American Cocker Spaniel	그림 212
브라운 Brown	푸들 Poodle	그림 213
블랙 언 실버르 Black and Silver	미니어처르 슈나우저르 Miniature Schnauzer	그림 214

코트 컬러르스 Coat Colors	대표 견종	참조
블랙 언 탠 Black and Tan	블랙 언 탠 쿤하운드 Black and Tan Coonhound	그림 215
블루 Blue	레이크랜드 테리어르 Lakeland Terrier	그림 216
블루 머를 Blue Merle	보르더르 칼리 Border Collie	그림 217
살리드 컬러르 Solid Color	아이어리시 세터르 Irish Setter	그림 218
샌드 Sand	비질러 Vizsla	그림 219
세이블 Sable	셔틀런드 십독 Shetland Sheepdog	그림 220
솔트 언 페퍼르 Salt and Pepper	미니어처르 슈나우저르 Miniature Schnauzer	그림 221
스틸 블루 Steel Blue	요르크셔르 테리어르 Yorkshire Terrier	그림 222
슬레이트 블루 Slate Blue	케리 블루 테리어르 Kerry Blue Terrier	그림 223
실버 Silver	푸들 Poodle	그림 224
실버 그레이 Silver Gray	와이머라너르 Weimaraner	그림 225
어구티 Agouti	스탠더르드 슈나우저르 Standard Schnauzer	그림 226
에프러캇 Apricot	푸들 Poodle	그림 227
옐로우 Yellow	래브러도르 리트리버르 Labrador Retriever	그림 228
오린지 Orange	피머레이니언 Pomeranian	그림 229
오린지 세이블 Orange Sable	피머레이니언 Pomeranian	그림 230
울프 그레이 Wolf Gray	얼래스컨 맬러뮤트 Alaskan Malamute	그림 231
이저벨러 Isabella	도베르먼 핀셔르 Doberman Pinscher	그림 232
젯 블랙 Jet Black	맨체스터르 테리어르 Manchester Terrier	그림 233
체스넛 Chestnut	아이어리시 세터르 Irish Setter	그림 234
초콜럿 Chocolate	래브러도르 리트리버르 Labrador Retriever	그림 235
카페오레 Cafe au lait	푸들 Poodle	그림 236

ㅋ

코트 컬러르스 Coat Colors	대표 견종	참조
크림 Cream	래브러도르 리트리버 Labrador Retriever	그림 237
탠 Tan	시바 이누 Shiba Inu	그림 238
트라이 컬러르 Tri-Color	러프 칼리 Rough Collie	그림 239
페퍼르 Pepper	댄디 딘만트 테리어르 Dandie Dinmont Terrier	그림 241
퓨스 Puce	서식스 스패니얼 Sussex Spaniel	그림 242
하르러퀸 Harlequin	그레이트 데인 Great Dane	그림 243
하운드 컬러르 Hound Color	비글 Beagle	그림 244
화이트 White	몰티즈 Maltese	그림 245
휘튼 Wheaten	로디전 리지백 Rhodesian Ridgeback	그림 246

🏠 골던 리버르 Golden Liver

금간장색.

털끝은 금색이고 털줄기(모간 毛幹)은 짙은 리버 브라운 색.

🐶 **견종예시:** 서식스 스패니얼 Sussex Spaniel, 필드 스패니얼 Field Spaniel

🐾 **견종표준**

Sussex Spaniel :

"Rich **golden liver** is the only acceptable color and is a certain sign of the purity of the breed."

Field Spaniel :

"Black, liver, **golden liver** or shades thereof, in any intensity (dark or light); either selfcolored or bi-colored."

(가) 서식스 스패니얼 Sussex Spaniel

(나) 필드 스패니얼 Field Spaniel

그림 196. 골던 리버르 Golden Liver

🏠 골던 컬러르 Golden Color

황금색.

황금색은 살구색과 유사한 모색으로 짙은 것은 골드레드(예-설루키 Saluki), 옅은 것은 옐로우 Yellow라고 한다.

🐾 **견종예시:** 골던 리트리버르 Golden Retriever

🐾 **견종표준**

Golden Retriever :

"Rich, lustrous **golden** of various shades."

그림 197. **골던 컬러르 Golden Color : 골던 리트리버르 Golden Retriever**

🏠 그레이 Gray

회색.

실버르 그레이 Silver Gray부터 다크 그레이 Dark Gray까지 다양하다.

🐾 **견종예시:** 노르위전 엘크하운드 Norwegian Elkhound

🐾 **견종표준**

Norwegian Elkhound :

"**Gray**, medium preferred, variations in shade determined by the length of black tips and quantity of guard hairs."

Weimaraner :

"… solid color, in shades of **mouse-gray to silver-gray**, …"

Wirehaired Pointing Griffon :

"Preferably **steel gray** with brown markings,…"

그림 198. **그래이 Gray : 노르위전 엘크하운드** Norwegian Elkhound

🏠 그리즐 Grizzle

레이크랜드 테리어 색.

흰색 털을 가지고 있으면서 검은색 또는 빨간색 털이 섞여있는 상태. 청색이 도는 회색. 청회색(블루이시 그레이 Bluish-gray) 또는 철회색(아이어른 그레이 Iron-gray)라고도 한다. 뉘앙스가 다른 어두운 느낌의 블랙 그리즐 Black Grizzle과 붉은 색을 띠는 레드 그리즐 Red Grizzle이 있다.

👤 **견종예시:** 레이크랜드 테리어 Lakeland Terrier

🐾 **견종표준**

Lakeland Terrier :

"A saddle may be blue, black, liver, or varying shades of **grizzle**."

그림 199. 그리즐 Grizzle : 레이크랜드 테리어 Lakeland Terrier

🏠 다르크 세이블 Dark Sable

흑담비색.

암갈색 바탕에 세이블 모색이 겹쳐져 전체적으로 어두워 보이는 모색.

그림 200. **다르크 세이블 Dark Sable** : 피머레이니언 Pomeranian

🏠 **데드그래스 Deadgrass**

누런 짚 색.

옅은 다갈색. 고엽(데드 리프 Dead Leaf)이라고도 한다.

🐕 **견종예시:** 체서피그 베이 리트리버르 Chesapeake Bay Retriever

🐾 **견종표준**

Chesapeake Bay Retriever :

"Any color of brown, sedge or **deadgrass** is acceptable, self-colored Chesapeakes being preferred."

그림 201. 데드그래스 Deadgrass : 체서피그 베이 리트리버르 Chesapeake Bay Retriever

🏠 **러비 Ruby**

루비색.

캐벌리어르 킹 찰즈 스패니얼 Cavalier King Charles Spaniel에서는 짙은 밤적색(체스트너트 레드 Chestnut Red)을 심홍색(러비 Ruby)이라고 한다.

🐕 **견종예시:** 잉글리시 토이 스패니얼 English Toy Spaniel, 캐벌리어르 킹 찰즈 스패니얼 Cavalier King Charles Spaniel

ㅋ

Cavalier King Charles Spaniel :

"**Ruby** - Whole-colored rich red."

English Toy Spaniel :

" The **Ruby** is a self-colored, rich mahogany red."

그림 202. **러비 Ruby : 캐벌리어르 킹 찰즈 스패니얼 Cavalier King Charles Spaniel**

🏠 레드 Red

적색.

적색의 범위는 매우 넓어 일반적으로 붉은 기운이 도는 갈색이나 탠을 막연히 적색이라고 부른다. 닥스훈드 Dachshund의 경우 초콜릿 Chocolate에서 머하거니 레드 Mahogany Red, 탠 Tan 및 옐로우 레드 Yellow Red까지 레드에 포함된다.

🎧 **견종예시:** 아이어리시 테리어르 Irish Terrier, 차우차우 Chow Chow

😺 **견종표준**

Chow Chow :

"There are five colors in the Chow: **red** (light golden to deep mahogany), black, blue, cinnamon (light fawn to deep cinnamon) and cream."

Irish Setter :

"Mahogany or rich chestnut **red** with no black."

Shiba Inu :

"Coat color is as specified herein, with the three allowed colors given equal consideration. ⋯ On **reds**: commonly on the throat, forechest, and chest."

그림 203. 레드 Red : 차우차우 Chow Chow

레먼 Lemon

레몬색.

🎧 **견종예시:** 포인터르 Pointer

🐾 **견종표준**

Pointer :

"Liver, **lemon**, black, orange; either in combination with white or solid-colored."

그림 204. 레먼 Lemon : 포인터르 Pointer – 레먼 언 화이트 Lemon and White

🏠 론 Roan

얼룩색.

백색 털과 유색의 털이 섞여 있는 것. 유색모의 색상에 따라 블루 론 Blue Roan, 리버르 론 Liver Roan, 레드 론 Red Roan, 오린지 론 Orange Roan, 레몬 론 Lemon Roan 등이 있다.

🐾 **견종예시:** 저르먼 와이어르헤어르드 포인터르 German Wirehaired Pointer

🐾 **견종표준**

Cocker Spaniel :

"**Roans** are classified as parti-colors and may be of any of the usual roaning patterns."

English Cocker spaniel :

"Color: Various. Parti-colors are either clearly marked, ticked or **roaned**, the white appearing in combination with black, liver or shades of red."

German Wirehaired Pointer :

"The coat is liver and white, usually either liver and white spotted, **liver roan**, liver and white spotted with ticking and roaning or solid liver."

(가) 오스트레일리언 캐틀 독 Australian Cattle Dog

(나) 저르먼 와이어르헤어르드 포인터르 German Wirehaired Pointer

그림 205. 론 Roan

🏠 리버르 Liver

간장색. 짙은 적갈색.

🐾 **견종예시:** 아이어리시 오터르 스패니얼 Irish Water Spaniel

🐾 **견종표준**

Curly-coated Retriever :

"Black or **liver**."

Flat-Coated Retriever :

"Solid black or solid **liver**."

Irish Water Spaniel :

"Rich **liver** to dark **liver** with a purplish tinge, sometimes called puce liver."

그림 206. 리버르 Liver : 아이어리시 오터르 스패니얼 Irish Water Spaniel

🏠 리버르 언 화이트 Liver and White

간장색과 흰색.

일반적으로 간장색(리버르 Liver)과 백색 반점의 혼합색.

🐾 **견종예시:** 브리터니 Brittany, 잉글리시 스프링어르 스패니얼 English Springer Spaniel

Brittany :

"Orange and white or **liver and white** in either clear or roan patterns."

English Springer Spaniel :

"All the following combinations of colors and markings are equally accept-able: ⋯ (3) Tricolor: black and white or **liver and white** with tan markings, usually found on eyebrows, cheeks, inside of ears and under the tail."

(가) 브리터니 Brittany

(나) 잉글리시 스프링어르 스패니얼 English Springer Spaniel

그림 207. 리버르 언 화이트 Liver and White

🏠 마우스 그레이 Mouse Gray

쥐색.

니어팔러턴 매스티프 Neapolitan Mastiff는 마우스 그레이 단색 견종이다.

🐾 **견종예시:** 니어팔러턴 매스티프 Neapolitan Mastiff, 와이머라너르 Weimaraner

🐾 **견종표준**

Neapolitan Mastiff :

"Solid coats of gray (blue), black, mahogany and tawny, and the lighter and darker shades of these colors.

Weimaraner :

"··· solid color, in shades of **mouse-gray** to silver-gray, ···"

그림 208. 마우스 그레이 Mouse Gray : 니어팔러턴 매스티프 Neapolitan Mastiff

🏠 머스터르드 Mustard

겨자색.

약간 갈색을 띤 황색.

🐾 **견종예시:** 댄디 딘만트 테리어르 Dandie Dinmont Terrier

🐾 **견종표준**

Dandie Dinmont Terrier :

"**Mustard** varies from a reddish brown to a pale fawn."

그림 209. 머스터르드 Mustard : 댄디 딘만트 테리어르 Dandie Dinmont Terrier

머하거니 Mahogany

마호가니색.

밤적색(체스넛 레드 Chestnut Red)을 말하며 적갈색에 가까운 밤적색.

견종예시: 아이어리시 세터르 Irish Setter

견종표준

Irish setter :

"**Mahogany** or rich chestnut red with no black."

(가) 마호가니 나무

(나) 아이어리시 세터르 Irish Setter

그림 210. 머하거니 Mahogany

오소리색.

오소리의 모색. 그레이 Gray, 탠 Tan, 화이트 White가 섞인 모색. 그레이가 강한 경우 배저르 Badger라고 한다. 일반적으로는 탠 Tan이 우세하다.

🐶 **견종예시:** 그레이트 피러니즈 Great Pyrenees

🐾 **견종표준**

Great Pyrenees :

"White or white with markings of gray, **badger**, reddish brown, or varying shades of tan."

그림 211. 배저르 Badger : 그레이트 피러니즈 Great Pyrenees

🏠 버프 Buff

담황색.

부드럽게 만든 가죽색. 엷은 황색에서 탠 Tan까지 다양하다.

🐶 **견종예시:** 어메리컨 카커르 스패니얼 American Cocker Spaniel

그림 212. 버프 Buff : 어메리컨 카커르 스패니얼 American Cocker Spaniel

🏠 브라운 Brown

갈색 혹은 다갈색.

단일 갈색 푸들 Poodle은 부수적으로 눈가나 입술, 코가 간장(리버르 Liver)색이며 발톱과 눈이 어둡다. 이러한 경향은 동색의 타 견종에서도 해당되나 결점은 아니다.

🐶 **견종예시:** 푸들 Poodle

🐾 **견종표준**

Poodle :

"In blues, grays, silvers, **browns**, cafe-aulaits, apricots and creams the coat may show varying shades of the same color."

ㅋ

그림 213. 브라운 Brown : 푸들 Poodle

🏠 브란즈 Bronze

청동색.

전체가 어두운 녹슨 색으로 털 끝이 약간 빨간색.

🏠 브로컨 컬러르 Broken Color

모색의 단절.

흰색 혹은 다른 모색에 의해서 단일 모색이 파괴된 것. 따라서 이론상 반점이 있는 개는 브로컨 컬러르가 없다.

🏠 블랙 언 실버르 Black and Silver

검은색과 은색.

검은색 피모의 끝부분이 은색인 것.

🐾 **견종예시:** 미니어처르 슈나우저르 Miniature Schnauzer, 얼래스컨 맬러뮤트 Alaskan Malamute

🐾 **견종표준**

Miniature Schnauzer :

"Black and Silver - The black and silver generally follows the same pattern as the salt and pepper."

그림 214. 블랙 언 실버르 Black and Silver : 미니어처르 슈나우저르 Miniature Schnauzer

🏠 블랙 언 탠 Black and Tan

검은색과 유색 반점.

대표적인 규칙적 반점으로 검은 바탕에 갈색 반점이 눈 위에 있거나 주둥이 양쪽·인후·귀 안쪽·앞가슴·아랫다리·꼬리 하부·항문 주변 등에 반점이 있는 것.

🐾 견종예시: 고르든 세터르 Gordon Setter, 맨체스터르 테리어르 Manchester Terrier,

🐾 견종표준

Black and Tan Coonhound :

"As the name implies, the color is coal **black with rich tan** markings above eyes, on sides of muzzle, chest, legs and breeching, with black pencil markings on toes."

Gordon Setter :

"**Black with tan** markings, either of rich chestnut or mahogany color. Black penciling is allowed on the toes. The borderline between **black and tan** colors is clearly defined."

Manchester Terrier :

"The coat color should be **jet black and rich mahogany tan**, which should not run or blend into each other, but abruptly form clear, well defined lines of color."

(가) 도베르먼 핀셔르 Doberman Pinscher

(나) 블랙 언 탠 쿤하운드 Black and Tan Coonhound

그림 215. 블랙 언 탠 Black and Tan

🏠 블루 Blue

청색.

열성 dd 유전자의 표현에 의한 검은색의 희석. 청색은 어두운 강청색(스틸 블루 Steel Blue)에서 밝은 청색(라이트 블루 Light Blue)까지 다양하다. 전형적인 케리 블루 테리어르 Kerry Blue Terrier는 청회색(블루 그레이 Blue Gray)이다. 이외에는 농담과 뉘앙스에 따라 여러 가지 명칭이 있다. 예를 들면, 연한색은 라이트 블루 Light Blue, 진한색은 다르크 블루 Dark Blue라고 한다. 청색 자견도 태어났을 때 흑색이나 성장하면서 서서히 청색으로 변한다. 견종에 따라 1년 이상 흑색인지 청색인지 판별할 수 없는 경우도 있다.

🐶 **견종예시:** 레이크랜드 테리어르 Lakeland Terrier, 케리 블루 테리어르 Kerry Blue Terrier

🐾 **견종표준**

Australian Cattle Dog :

"Blue - The color should be **blue**, blue-mottled or blue speckled with or without other markings."

Lakeland Terrier :

"Solid colors include **blue**, black, liver, red, and wheaten."

Kerry Blue Terrier :

"The correct mature color is any shade of **blue gray or gray blue** from the deep slate to light **blue gray**, of a fairly uniform color throughout except that distinctly darker to black parts may appear on the muzzle, head, ears, tail and feet. Kerry color, in its process of 'clearing,' changes from an apparent black at birth to the mature **gray blue or blue gray**."

그림 216. 블루 그레이 Blue Gray : 레이크랜드 테리어 Lakeland Terrier

🏠 블루 머를 Blue Merle

대리석 색.

블랙 · 블루 · 그레이가 섞인 대리석 모양의 색.

🐾 **견종예시:** 셔틀런드 십독 Shetland Sheepdog, 카르디건 웰시 코르기 Cardigan Welsh Corgi, 칼리 Collie

🐾 **견종표준**

Australian Shepherd :

"**Blue merle**, black, red merle, red-all with or without white markings and/or tan (copper) points, with no order of preference."

Cardigan Welsh Corgi :

"**Blue merle** (black and gray; marbled) with or without tan or brindle points."

Collie :

"The four recognized colors are 'Sable and White,' 'Tri-color,' '**Blue Merle**' and 'White.' "

Shetland Sheepdog :

"Black, **blue merle**, and sable (ranging from golden through mahogany); "

그림 217. **블루 머를 Blue Merle : 보르더르 칼리 Border Collie**

🏠 블루 블랙 Blue Black

청흑색.

① 털줄기(모간 毛幹) 쪽이 블루이고 털끝이 검은 피모.

② 암청색 피모.

🏠 비버르 Beaver

비버색.

비버의 피모색으로 어두운 베이지색. 갈색과 회색의 피모가 섞인 것.

🏠 살리드 컬러르 Solid Color

순색.

단일색(셀프 컬러르 Self Color)과 동일어. 전체적으로 단일색.

만약 다리 · 발 · 꼬리의 아래 부분에 다른 색을 가지고 있다면 순색이라고 할 수 없다.

그러나 순색은 어두워지거나 밝아질 수 있다.

🎧 **견종예시:** 아이어리시 세터르 Irish Setter

Chinese Shar-Pei :

"A **solid color** dog may have shading, primarily darker, down the back and on the ears. The shading must be variations of the same body color and may include darker hairs throughout the coat."

Miniature Pinscher :

"**Solid** clear red."

그림 218. 살리드 컬러 Solid Color : 아이어리시 세터르 Irish Setter

🏠 샌드 Sand

모래색.

모래색은 크림색에서 엷은 노랑색까지의 색상 범위를 말한다.

🐾 **견종예시:** 베들링턴 테리어르 Bedlington Terrier, 비질러 Vizsla

⚫ **견종표준**

Bedlington Terrier :

"Blue, **sandy**, liver, blue and tan, sandy and tan, liver and tan."

Vizsla :

"Golden rust in varying shades."

그림 219. 샌드 Sand : 비질러 Vizsla

🏠 샌디 Sandy

샌드 Sand 참조.

🏠 세이블 Sable

흑담비색.

대게 엷은 기본색 피모 속에 검은색 털이 섞여 있거나 겹쳐 있는 것. 피머레이니언 Pomeranian과 세이블 Sable은 오렌지 털 사이에 검은색 털이 있으나 칼리 Collie 나 셔틀런드 십독 Shetland Sheepdog의 바탕색은 금색에서 어두운 마호가니에 걸친 갈색이다.

🐾 **견종예시:** 셔틀런드 십독 Shetland Sheepdog, 칼리 Collie

🐾 **견종표준**

Collie :

"The 'Sable and White' is predominantly sable (a fawn sable color of varying shades from light gold to dark mahogany) with white markings usually on the chest, neck, legs, feet and the tip of the tail."

Pembroke Welsh Corgi :

"The outer coat is to be of self colors in red, **sable**, fawn, black and tan with or without white markings."

Shetland Sheepdog :

"Black, blue merle, and **sable** (ranging from golden through mahogany); marked with varying amounts of white and/or tan."

그림 220. 세이블 Sable : 셔틀런드 십독 Shetland Sheepdog

🏠 솔트 언 페퍼르 Salt and Pepper

소금색과 후추색.

검은 후추색과 푸른 기운이 도는 흰색 소금빛이 평균적으로 섞여 있는 모색. 그 전형이 슈나우저르 Schnauzer의 모색이다.

🐾 **견종예시:** 슈나우저르 Schnauzer

🐾 **견종표준**

Giant Schnauzer :

"**Pepper and Salt** - Outer coat of a combination of banded hairs (white with black and black with white) and some black and white hairs, appearing gray from a short distance. ···"

Miniature Schnauzer :

"**Salt and Pepper** - The typical salt and pepper color of the topcoat results from the combination of black and white banded hairs and solid black and white unbanded hairs, with the banded hairs predominating. ···"

Standard Schnauzer :

"Pepper and salt or pure black."

그림 221. 솔트 언 페퍼르 Salt and Pepper : 미니어처르 슈나우저르 Miniature Schnauzer

🏠 스모크 Smoke

연기색.

연기를 연상케하는 그레이의 탁한 색. 농담이 있으며 블루기가 돌기도 함.

🏠 스틸 블루 Steel Blue

청동색.

뉘앙스의 차이에 따라 짙은 다크 블루 Dark Blue와 엷은 라이트 스틸 블루 Light Steel Blue가 있다.

🐕 견종예시: 요르크셔르 테리어르 Yorkshire Terrier

🐾 견종표준

Great Dane :

"Color: The color shall be a pure **steel blue**. "

Yorkshire Terrier :

"Blue - Is a dark **steel-blue**, not a silver-blue and not mingled with fawn, bronzy or black hairs."

그림 222. 스틸 블루 Steel Blue : 요르크셔르 테리어 Yorkshire Terrier

🏠 **슬레이트 블루 Slate Blue**

연청회색.

회색기가 도는 청색.

🎧 **견종예시:** 케리 블루 테리어 Kerry Blue Terrier

🐾 **견종표준**

Kerry Blue Terrier :

"The correct mature color is any shade of blue gray or gray blue **from the deep slate to light blue gray,…** "

그림 223. 슬레이트 블루 Slate Blue : 케리 블루 테리어 Kerry Blue Terrier

🏠 실버르 Silver

은색.

약간의 갈색을 띠기 때문에 은황갈색(실버르-폰 Silver-Fawn)이라고도 한다. 퍼그 Pug
의 모색 중 하나이며 단색 견종으로는 푸들 Poodle이 유명하다.

🐕 **견종예시:** 푸들 Poodle

🐾 **견종표준**

Poodle :

"The coat is an even and solid color at the skin. In blues, grays, **silvers**,
browns, cafe-aulaits, apricots and creams the coat may show varying
shades of the same color."

그림 224. 실버 Silver : 푸들 Poodle

🏠 실버르 그레이 Silver Gray

은회색.

쥐색(마우스 그레이 Mouse Gray) 보다 다소 밝은 은색이 도는 회색.

🐕 **견종예시:** 와이머라너르 Weimaraner

🐾 **견종표준**

Weimaraner :

"··· solid color, in shades of mouse-gray to **silver-gray**, ···"

그림 225. **실버르 그레이 Silver Gray** : 와이머라너르 Weimaraner

🏠 실버르 버프 Silver Buff

담황색과 은색.

엷은 버프색의 일종으로 전체적으로 담황색을 보이며 은색을 띰.

🏠 실버르 브린들 Silver Brindle

검은색과 은색.

검은색 피모 속에 은색 털이 섞인 것.

🎧 **견종예시:** 스카티시 테리어르 Scottish Terrier

🐾 **견종표준**

Scottish Terrier :

"Many black and brindle dogs have sprinklings of white or silver hairs in their coats which are normal and not to be penalized."

🏠 아스코브 ASCOB

검은색을 제외한 단일색.

아스코브(ASCOB)는 Any Solid Color Other than Black의 약자이며 아메리컨 코커르 스패니얼 American Cocker Spaniel의 모색 분류에 사용되는 용어로 검은색 이외의 단색을 나타냄. 즉 아스코브에는 색의 페더링이 허용된다. 그러나 흉부 및 인후부에 있는 작은 백색 반점은 벌점이 되며 이들 부위 이외의 백색 반점은 실격 처리된다.

🏠 어구티 Agouti

아구티쥐색.

설치류인 아구티쥐의 색상에서 얻어진 이름. 밝고 어두운 색상의 털이 띠를 이루면서 반복되는 것으로 사이비어리언 허스키 Siberian Husky를 설명할 때 사용되는 용어. 또한 멧돼지 색(와일드 보르 Wild Boar)으로 불리는 아구티쥐색 띠도 이 유형에 속한다.

🗣 **견종예시:** 사이비어리언 허스키 Siberian Husky, 스탠더르드 슈나우저르 Standard Schnauzer

🐾 **견종표준**

Siberian Husky :

"A variety of markings on the head is common, including **many striking patterns not found in other breeds.**"

Standard Schnauzer :

"Pepper and Salt-The typical pepper and salt color of the topcoat results from the combination of black and white hairs, and **white hairs banded with black.**"

Wirehaired Dachshund :

"**Wild boar** (agouti) appears as banding of the individual hairs and imparts an overall grizzled effect which is most often seen on wirehaired Dachshunds, but may also appear on other coats."

그림 226. 어구티 Agouti : 스탠더르드 슈나우저르 Standard Schnauzer

🏠 에프러캇 Apricot

살구색.

붉은 기운을 띤 황색. 매스티프 Mastiff나 퍼그 Pug에서 볼 수 있는 모색.

🎧 **견종예시:** 매스티프 Mastiff, 퍼그 Pug

🐾 **견종표준**

Mastiff :

"Fawn, **apricot**, or brindle."

Poodle :

"In blues, grays, silvers, browns, cafe-au-laits, **apricots** and creams the coat may show varying shades of the same color."

(좌) 에프러캇 Apricot   (우) 레드 Red

그림 227. 에프러캇 Apricot : 푸들 Poodle

🏠 옐로우 Yellow

노란색.

노란색의 범위는 매우 넓다. 대표적 단색 견종인 리트리버 Retriever의 옐로우의
범위는 여우색(팍스 레드 Fox-red)에서 엷은 크림색(라이트 크림 Light Cream)까지 매우
다양하다.

견종예시: 래브러도르 리트리버 Labrador Retriever

견종표준

Labrador Retriever :

"The Labrador Retriever coat colors are black, **yellow** and chocolate."

ㅋ

그림 228. 옐로우 Yellow : 래브러도르 리트리버르 Labrador Retriever

🏠 오린지 Orange

오렌지색.

적황색을 뜻하나 엷은 탠 Tan도 포함된다. 전형적인 오렌지 단색 견종은 피머레이니언 Pomeranian이며 백색 바탕에 아름다운 오렌지 반점이 있는 것은 잉글리시 포인터르 English Pointer와 브리터니 Brittany이다.

🐾 **견종예시:** 포인터르 Pointer, 피머레이니언 Pomeranian

🐾 **견종표준**

<u>Pointer</u> :

"Liver, lemon, black, **orange**; either in combination with white or sol-id-colored."

(가) 피머레이니언 Pomeranian-오린지 Orange

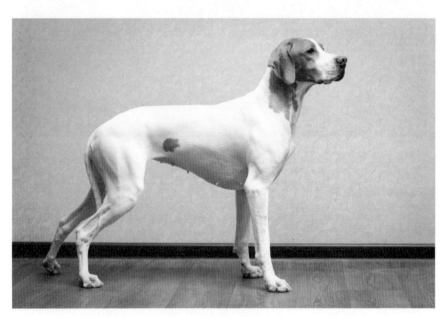

(나) 포인터르 Pointer-오린지 앤 화이트 Orange and White

그림 229. 오린지 Orange

오렌지색과 검은색.

오렌지색 바탕에 흑담비색(세이블 Sable) 모색이 겹쳐진 것.

🐶 **견종예시:** 피머레이니언 Pomeranian

🐾 **견종표준**

Pomeranian :

"The Open Classes at specialty shows may be divided by color as follows: Open Classifications – The Red, **Orange, Cream, and Sable**; Open Black, Brown, and Blue; Open Any Other Color, Pattern, or Variation."

그림 230. 오린지 세이블 Orange Sable : 피머레이니언 Pomeranian

🏠 **울프 그레이 Wolf Gray**

늑대색.

회색늑대의 색을 말한다.

🐶 **견종예시:** 얼래스컨 맬러뮤트 Alaskan Malamute

🐾 **견종표준**

Alaskan Malamute :

"The usual colors range from light gray through intermediate shadings to black, sable, and shadings of sable to red."

(가) 회색 늑대(그레이 울프 Gray Wolf)

(나) 얼래스컨 맬러뮤트 Alaskan Malamute

그림 231. 울프 그레이 Wolf Gray

🏠 이저벨러 Isabella

회황색.

회색에 황색기가 도는 색은 말한다.

🐕 **견종예시:** 도베르먼 핀셔르 Doberman Pinscher

🐾 **견종표준**

Doberman Pinscher :

"Allowed Colors-Black, red, blue, and fawn (Isabella)."

German Pinscher :

"Isabella (fawn), to red in various shades to stag red (red with intermingling of black hairs), black and blues with red/tan markings."

그림 232. 이저벨러 Isabella : 도베르먼 핀셔르 Doberman Pinscher

🏠 젯 블랙 Jet Black

흑색.

순수한 검은색. 색소 침착이 매우 짙은 것. 검은색 스카티시 테리어 Scottish Terrier 중에도 젯 블랙은 드물다. 맨체스터 테리어 Manchester Terrier는 젯블랙 Jet Black과 탠 Tan 반점이 있다.

🐾 **견종예시:** 맨체스터 테리어 Manchester Terrier, 버르니즈 마운턴 독 Bernese Mountain Dog

🐾 **견종표준**

Bernese Mountain Dog :

"The Bernese Mountain Dog is tri-colored. The ground color is **jet black**."

Manchester Terrier :

"The coat color should be **jet black** and rich mahogany tan, …"

그림 233. 젯 블랙 Jet Black : 맨체스터 테리어 Manchester Terrier – 젯 블랙 앤 탠 Jet Black and Tan

🏠 체스넛 Chestnut

밤색.

밤의 껍질 색과 유사하며 밤적색이라고 함. 짙은 밤적색은 아이어리시 세터르 Irish Setter의 고유 모색이다.

견종예시: 아이어리시 세터르 Irish Setter

견종표준

Irish setter :

"Mahogany or rich **chestnut** red with no black."

그림 234. 체스닛 Chestnut : 아이어리시 세터르 Irish Setter

초콜럿 Chocolate

어두운 적갈색.

견종예시: 래브러도르 리트리버르 Labrador Retriever, 어메리컨 스패니얼 American Spaniel

견종표준

Labrador Retriever :

"The Labrador Retriever coat colors are black, yellow and **chocolate**."

Miniature Pinscher :

"**Chocolate** with rust-red markings the same as specified for blacks, except brown pencil stripes on toes."

그림 235. 초콜릿 Chocolate : 래브러도르 리트리버르 Labrador Retriever

🏠 카페오레 Cafe au lait

담갈색.

우유 50%로 희석된 커피색.

🎧 **견종예시:** 푸들 Poodle

🐾 **견종표준**

Poodle :

"The coat is an even and solid color at the skin. In blues, grays, silvers, browns, **cafe-aulaits**, apricots and creams the coat may show varying shades of the same color."

(가) 카페오레 Cafe au lait

(나) 푸들 Poodle

그림 236. 카페오레 Cafe au lait

🏠 크림 Cream

크림색.

크림은 다른 모색과 달리 농담의 차가 적은 색 배합이다. 크림색이 비교적 많은 견종으로는 새머예드 Samoyed, 푸들 Poodle, 피머레이니언 Pomeranian이 있다.

🐾 **견종예시:** 스카이 테리어 Skye Terrier, 차우차우 Chow Chow, 푸들 Poodle

🐾 **견종표준**

Chow Chow :

"There are five colors in the Chow: red (light golden to deep mahogany), black, blue, cinnamon (light fawn to deep cinnamon) and **cream**."

Poodle :

"In blues, grays, silvers, browns, cafe-aulaits, apricots and **creams** the coat may show varying shades of the same color."

Skye Terrier :

"The coat must be of one over-all color at the skin but may be of varying shades of the same color in the full coat, which may be black, blue, dark or light grey, silver platinum, fawn or **cream**."

그림 237. 크림 Cream : 래브러도르 리트리버 Labrador Retriever

🏠 탠 Tan

모색이 아닌 다른 색상 반점.

탠에도 농담이 있으며 짙은 것은 리치 탠 Rich Tan, 엷은 것은 라이트 탠 Light Tan
이라고 한다. 탠은 중간보다는 뿌리부분이 더 짙고 끝으로 갈수록 점점 엷어진다.

🙂 **견종예시:** 라트와일러르 Rottweiler, 시바 이누 Shiba Inu

🐾 **견종표준**

Yorkshire Terrier :

"Puppies are born black and **tan** and are normally darker in body color,
showing an intermingling of black hair in the **tan** until they are matured."

(가) 시바 이누 Shiba Inu – 라이트 탠 Light Tan

(나) 라트와일러르 Rottweiler – 리치 탠 Rich Tan

그림 238. 탠 Tan

3색.

검은색 · 탠 · 흰색 3가지로 이루어진 코트 컬러를 말함. 하운드 마르킹 Hound Marking도 여기에 해당한다.

🐾 **견종예시:** 버센지 Basenji

🐾 **견종표준**

Basenji :

"Color-Chestnut red; pure black; **tricolor**(pure black and chestnut red); or brindle (black stripes on a background of chestnut red); all with white feet, chest and tail tip."

Beauceron :

"**Gray, Black and Tan** (Harlequin) - Black and Tan base color with a pattern of blue-gray patches distributed evenly over the body and balanced with the base color, sometimes with a predominance of black."

Cavalier King Charles Spaniel :

"**Tricolor** - Jet black markings well broken up on a clear, pearly white ground. ···"

(가) 러프 칼리 Rough Collie

(나) 비글 Beagle

그림 239. 트라이 컬러르 Tri-Color

🏠 파울 컬러르 Foul Color

위반 색.

폴트 칼러르 Fault Color. 부정 모색.

견종의 특징을 상실한 바람직하지 못한 반점이나 모색을 말한다. 화이트 박서즈 Boxer, 검은 단일색 불독 Bulldog 등이 그 전형으로 개 전람회에서 실격 처리된다.

그림 240. 박서르 Boxer (몸 전체에서 흰색이 10% 이상이면 파울 컬러르 Foul Color이다)

🏠 페퍼르 Pepper

후추색. 후추나무 색.

어두운 청색 계통의 흑색. 밝은 은회색까지 폭이 넓다.

🐶 **견종예시:** 댄디 딘만트 테리어르 Dandie Dinmont Terrier

🐾 **견종표준**

Dandie Dinmont Terrier :

"**Pepper** ranges from dark bluish black to a light silvery gray, the interme-diate shades preferred."

그림 241. 페퍼르 Pepper : 댄디 딘만트 테리어르 Dandie Dinmont Terrier

🏠 퓨스 Puce

암갈색.

🐶 **견종예시:** 서식스 스패니얼 Sussex Spaniel

🐾 **견종표준**

Sussex Spaniel :

"Dark liver or **puce** is a major fault."

그림 242. 퓨스 Puce – 서식스 스패니얼 Sussex Spaniel

🏠 하르러퀸 Harlequin

불규칙 반점.

일반적으로 흰 바탕에 불규칙적으로 검은색 혹은 청회색 반점이 있는 것을 말함. 댈메이션 Dalmatian과 달리 순백 바탕에 칼날에 찢긴 것 같은 검은색 반점이 있다.

🐕 **견종예시:** 그레이트 데인 Great Dane

🐾 **견종표준**

Great Dane :

"**Harlequin** Color: Base color shall be white with black torn patches. Merle patches are normal."

그림 243. 하르러퀸 Harlequin : 그레이트 데인 Great Dane

🏠 하운드 마르킹 Hound Marking

하운드 컬러르 Hound Color 참조.

🏠 하운드 컬러르 Hound Color

3색 반점.

흰색 · 검은색 · 갈색의 3가지로 이루어진 트라이 칼라 반점을 말함. 하운드 칼라라고
도 한다.

🐾 **견종예시:** 비글 Beagle, 잉글리시 팍스하운드 English Foxhound

🐾 **견종표준**

Basset Hound :

"Any recognized **hound color** is acceptable and the distribution of color
and markings is of no importance."

Beagle :

"Any true **hound color**."

English Foxhound :

"**Hound colors** are black, tan, and white, or any combination of these three, also the various 'pies' compounded of white and the color of the hare and badger, or yellow, or tan."

(가) 비글 Beagle

(나) 잉글리시 팍스하운드 English Foxhound

그림 244. 하운드 컬러르 Hound Color

🏠 **화이트 White**

흰색.

흰색에는 순백과 다소 탁한 백색이 있다. 일본 스피츠 Spitz나 몰티즈 Maltese처럼 순백의 단색 견종은 앨바이노 Albino가 아니라는 증거로 눈 · 입술 · 코 · 패드 · 항문 등이 유색이며 이들 색은 가능한 짙은 것이 바람직하다.

🐶 **견종예시:** 몰티즈 Maltese, 비숑 프리제 Bichon Frise

🐾 **견종표준**

Bichon Frise :

"Color is **white**, may have shadings of buff, cream or apricot around the ears or on the body."

Maltese :

"Color, pure **white**."

West Highland White Terrier :

"The color is **white**, as defined by the breed's name."

그림 245. **화이트 White : 몰티즈 Maltese**

ㅋ

소맥색.

옅은 황색이 스민 것 같은 모색. 크림 Cream 혹은 옅은 황갈색(폰 Fawn)을 말함. 소맥색에도 농담(濃淡, 색깔이나 명암 따위의 짙음과 옅음)이 있다. 로디전 리지백 Rhodesian Ridgeback은 매우 짙으나 소프트 코티드 휘튼 테리어르 Soft Coated Wheaten Terrier는 비교적 옅다.

🐾 **견종예시:** 로디전 리지백 Rhodesian Ridgeback, 소프트 코티드 휘튼 테리어르 Soft Coated Wheaten Terrier

🐾 **견종표준**

Rhodesian Ridgeback :

"Light **wheaten** to red wheaten."

Soft Coated Wheaten Terrier :

"Any shade of **wheaten**."

(가) 로디전 리지백 Rhodesian Ridgeback

(나) 로디전 리지백 Rhodesian Ridgeback : 모든 개는 털이 머리에서 꼬리방향으로 누워 있으나 이 견종만 역방향(꼬리에서 머리 방향으로)으로 털이 누워있다.

(다) 소프트 코티드 휘튼 테리어르 Soft Coated Wheaten Terrier

그림 246. 휘튼 Wheaten

코트 패터른스 COAT PATTERNS

털 무늬.

코트 패터른스 Coat Patterns	대표 견종	참고
대플 Dapple	닥스훈드 Dachshund	그림 247
머를 Merle	오스트레일리언 셰퍼르드 독 Australian Shepherd Dog	그림 248
브린들 Brindle	스카티시 테리어르 Scottish Terrier	그림 249, 250
타이거르 브린들 Tiger Brindle	그레이트 데인 Great Dane	그림 251
티킹 Ticking	블루틱 쿤하운드 Bluetick Coonhound	그림 252
파르티 컬러 Parti Color	카커르 스패니얼 Cocker Spaniel	그림 253

🏠 대플 Dapple

얼룩무늬.

대플은 잡색 반점으로 여러 가지 색이 만드는 반점을 말한다. 닥스훈드 Dachshund
의 대플은 갈색이나 회색 혹은 백색 바탕에 암회색, 갈색, 적황색, 흑색 등 불규칙한
반점을 보인다.

🐾 **견종예시:** 닥스훈드 Dachshund

🐾 **견종표준**

Dachshund :

"**Dappled** Dachshunds - The **dapple** (merle) pattern is expressed as light-
er-colored areas contrasting with the darker base color, which may be
any acceptable color."

(가) 닥스훈드 Dachshund – 블랙 언 탠 대플 Black and Tan Dapple

(나) 스무드 헤어르드 미니어처르 닥스훈드 Smooth-haired Miniature Dachshund
– 블랙 언 탠 더블 대플 Black and Tan Double Dapple

그림 247. 대플 Dapple

ㅋ

🏠 머를 Merle

청회색 무늬.

기본적인 색소의 밝은 배경색에서 불규칙한 어두운 얼룩의 형태로 통상은 검은색 Black과 청색 Blue, 회색 Gray의 배색을 말한다. 얼룩무늬라고도 하는데 닥스훈트 Dachshund의 적색 얼룩을 들 수 있다.

🐾 **견종예시:** 그레이트 데인 Great Dane, 오스트레일리언 셰퍼드 Australian Shepherd

🐾 **견종표준**

Australian Shepherd :

"Blue **merle**, black, red merle, red-all with or without white markings and/or tan (copper) points, with no order of preference."

Great Dane :

"Harlequin Color: Base color shall be white with black torn patches. **Merle** patches are normal."

그림 248. 머를 Merle : 오스트레일리언 셰퍼드 독 Australian Shepherd Dog

브린들 Brindle

주主색에 다른 색의 불규칙 무늬.

얼룩말처럼 바탕색에 다른 색이 세로로 무늬를 만들고 있는 것으로 2가지 유형이 있다. 복합 얼룩무늬(파르티 컬러 Parti Color)는 바둑이처럼 형성된 무늬를 말한다.

① 검은색 혹은 어두운 바탕에 밝은 모색이 섞인 것. 반대로 밝은 바탕에 검은색 혹은 어두운 색 피모가 섞인 것.

견종예시: 스카티시 테리어르 Scottish Terrier

견종표준

Scottish Terrier :

"Black, wheaten or **brindle** of any color"

그림 249. 브린들 Brindle : 스카티시 테리어 Scottish Terrier

② 적색 혹은 황색의 밝은 바탕에 검은색 혹은 어두운 색의 줄무늬를 만든 것. 타이거 브린들이 여기에 속함.

🗣 **견종예시:** 그레이트 데인 Great Dane

🐾 **견종표준**

Great Dane :

"**Brindle** Color: The base color shall be yellow gold and always be brindled with black cross stripes."

그림 250. 브린들 Brindle : 그레이트 데인 Great Dane

🏠 **스펙스 Specks**

티킹 Ticking 참조.

🏠 **타이거르 브린들 Tiger Brindle**

호랑이 무늬.

호랑이 털이라고 불리는 브린들의 전형적 패턴으로 살구색 혹은 황금색 바탕에 검은색 줄무늬가 그려져 있다.

그림 251. **타이거르 브린들** Tiger Brindle : **그레이트 데인** Great Dane

🏠 티킹 Ticking

주주색에 다른 색상의 불규칙 반점.

기본적으로 백색 피모에서 검은색 혹은 유색 피모가 모여 작은 독립된 부분을 형성한 것.

🐾 **견종예시:** 블루틱 쿤하운드 Bluetick Coonhound, 저르먼 쇼르트헤어르드 포인터르 German Shorthaired Pointer

🐾 **견종표준**

Bluetick Coonhound :

"With or without tan markings (over eyes, on cheeks, chest and below tail) and red **ticking** on feet and lower legs. A fully blue mottled body is preferred over light **ticking** on the body. There should be more blue **ticking** than white in the body coat."

German Shorthaired Pointer :

"The coat may be of solid liver or a combination of liver and white such as liver and white **ticked**, liver patched and white ticked, or liver roan."

(가) 블루틱 쿤하운드 Bluetick Coonhound

(나) 저르먼 쇼르트헤어르드 포인터르 German Shorthaired Pointer

그림 252. 티킹 Ticking

주주색에 다른 색상의 큰 반점.

복합 얼룩무늬는 일명 바둑이 무늬로 2가지 이상의 색이 혼합된 형태로 백색 바탕에 윤곽이 뚜렷한 색 반점이 있는 것을 말한다. 어메리컨 카커르 스패니얼 American Cocker Spaniel은 몸통에 2가지 이상의 반점이 있는 것이 바람직하다. 메인 칼라가 90% 이상이 있으면 복합 얼룩무늬로 인정되지 않아 실격 처리된다. 단, 론 Roan은 복합 얼룩무늬 속에 포함된다.

🐶 **견종예시:** 카커르 스패니얼 Cocker Spaniel

🐾 **견종표준**

Cocker Spaniel :

"**Parti-Color** Variety-Two or more solid, well broken colors, one of which must be white; black and white, red and white (the red may range from lightest cream to darkest red), brown and white, and roans, to include any such color combination with tan points. ⋯ **Roans** are classified as parti-colors and may be of any of the usual roaning patterns. Primary color which is ninety percent (90%) or more shall disqualify."

그림 253. 파르티 컬러 Parti Color : 카커르 스패니얼 Cocker Spaniel

ㅋ

쿠라츠 CULOTTES

치마바지 모양 털.

트라우저르 TROUSER 참조. 브리치즈 BREECHES 참조.

스피퍼르키 Schipperke의 대퇴부 뒤쪽에 나있는 긴 털을 의미한다.

🐾 **견종예시:** 스피퍼르키 Schipperke

🐾 **견종표준**

Schipperke :

"The coat on the rear of the thighs forms **culottes**, which should be as long as the ruff."

그림 254. **쿠라츠** Culottes : 스피퍼르키 Schipperke

쿠션 CUSHION

두꺼운 윗입술.

윗입술이 두껍고 풍만한 것.

🗣 **견종예시:** 불독 Bulldog, 피킹이즈 Pekingese

(가) 불독 Bulldog

(나) 피킹이즈 Pekingese

그림 255. 쿠션 Cushion

크라운 CROWN

두정 頭頂.

머리의 가장 높은 부분을 의미하는 것으로 두부라고도 한다. 크라운은 2가지로 표현되는데 머리의 중앙(정수리) 또는 머리 부분에서 제일 높은 부분을 의미한다. 탑 스컬 Topskull은 머리에서 가장 높은 부분이므로 유사한 개념이다. 크라운이라는 용어는 주로 반려견 미용분야에서 머리 중앙을 의미한다.

견종예시: 베들링턴 테리어르 Bedlington Terrier

견종표준

Bedlington Terrier :

"⋯ highest at the **crown**, ⋯"

그림 256. **크라운** Crown : 베들링턴 테리어르 Bedlington Terrier

크랍 CROP

단이.

크랍트 이어스 Cropped Ears 참조.

크레스트 CREST

목 마루.

크레스트는 2가지 의미로 사용.

① 일반적으로 목의 위쪽 부분을 언급할 때 사용되는 용어. 머리와 목의 연결부분(네입 Nape)에서 목과 견갑의 연결부분까지 위쪽 아치부분.

② 차이니즈 크레스티드 Chinese Crested의 머리와 목에 나있는 길고 숱이 적은 털을 말함.

그림 257. 크레스트 Crest : 차이니즈 크레스티드 Chinese Crested

크레이트 CRATE

반려견 운반을 위해 사용되는 휴대용 용기.

크룹 CROUP

엉덩이.

럼프 Rump 참조.

🏠 낮은 엉덩이 Croup Slightly Lower than Breed Standards

옆에서 보았을 때 등선보다 낮은 엉덩이를 말한다.

그림 258. **낮은 엉덩이** : 푸들 Poodle

🏠 높은 엉덩이 Croup Slightly Higher than Breed Standards

옆에서 보았을 때 등선보다 높은 엉덩이를 말한다.

그림 259. **높은 엉덩이** : 푸들 Poodle

🏠 바른 엉덩이 Croup Correspounding with Breed Standards

외관상 플랫 크룹 Flat Croup과 거의 비슷하나 관골이 경사를 이뤄 수평인 엉덩이의 결점을 보완한다.

그림 260. **바른 엉덩이 : 푸들 Poodle**

🏠 스팁 크룹 Steep Croup

경사진 엉덩이.

옆에서 보았을 때 요부에서 뒤쪽이 아래를 향해 급경사를 이루는 엉덩이를 말한다. 즉 엉덩이의 경사 각도가 크다.

🐾 **견종예시:** 저르면 셰퍼르드 독 German Shepherd Dog

🐾 **견종표준**

German Shepherd Dog :

"Topline - ⋯ **Croup** long and gradually sloping. ⋯"

그림 261. 스팁 크룹 Steep Croup : 저르면 셰퍼르드 독 German Shepherd Dog

🏠 플랫 크룹 Flat Croup

수평인 엉덩이.

엉덩이의 윤곽선이 거의 수평이며 관골의 각도 역시 수평인 것을 말한다. 비어르디드 칼리 Bearded Collie에서 수평인 엉덩이는 중요한 결점이다.

🐾 **견종예시:** 보어보엘 Boerboel, 비어르디드 칼리 Bearded Collie

🐾 **견종표준**

Bearded Collie :

"Serious Faults: ⋯ **Flat croup** or steep croup. ⋯"

Boerboel :

"The body ⋯ The croup is broad, **flat** and strong, ⋯"

좌 - 정상   우 - 플랫 크룹

(가) 비어르디드 칼리 Bearded Collie

(나) 보어보엘 Boerboel

그림 262. 플랫 크룹 Flat Croup

클로디 CLODDY

덩어리 같은 몸통.

등이 낮고 몸통이 굵어 비교적 무겁게 느껴지는 형태의 몸통.

🐾 **견종예시:** 래브라도르 리트리버 Labrador Retriever, 오스트레일리언 셰퍼드 Australian Shepherd

🐾 **견종표준**

Australian Shepherd :

"General Appearance: ⋯ He is attentive and animated, lithe and agile, solid and muscular without **cloddiness**."

Labrador Retriever :

"Substance ⋯ equally objectionable are **cloddy** lumbering specimens."

ㅋ

그림 263. 클로디 Cloddy : 배싯 하운드 Basset Hound

킬 KEEL

용골 龍骨.

가슴의 아래쪽의 둥근 윤곽선을 말한다. 흉골은 가슴 아래쪽 연골에 의해서 모두 합쳐지게
된다. 특히 2번째에서 8번째 흉골을 킬 Keel이라고 부른다.

견종예시: 블러드하운드 Bloodhound

견종표준

Bloodhound :

"the chest well let down between the forelegs, forming a deep **keel**."

그림 264. 킬 Keel : 그레이 하운드 Grey Hound

타르설 본 TARSAL BONE

족근골 足根骨. 뒷발목뼈.

하퇴골과 중족골 사이의 족근 관절을 구성하는 7개로 구성된 뼈를 말한다. 족근골은 3단
으로 구성되어 있으며 가장 아래 1단에서는 제1~4 족근골(타르설 본즈 Tarsal Bones)이 위치
하고 있다. 2단 앞쪽에는 중심족근골(中心足根骨, 중심뒷발목뼈, 센트럴 타르설 본 Central Tarsal
Bone), 그리고 3단 앞쪽에는 거골(距骨, 목말뼈, 테일러스 Talus)이 있으며 2~3단 뒤쪽에는 종
골(踵骨, 뒷발꿈치뼈, 캘케이니어스 Calcaneus)이 돌출해 있다. 종골의 끝을 **종골융기**(踵骨隆起,
튜버 Tuber 캘케이니어스 Calcanei)라고 부른다.

탑낫 TOPKNOT

도가머리.

두개부 정수리에 난 길이가 긴 장식 털.

🐕 **견종예시:** 애프갠 하운드 Afghan Hound, 베들링턴 테리어르 Bedlington Terrier

🐾 **견종표준**

Afghan Hound :

"⋯ the head is surmounted (in the full sense of the word) with a **topknot** of
long, ⋯"

Bedlington Terrier :

"Covered with a profuse **topknot** which is lighter than the color of the
body, highest at the crown, and tapering gradually to just back of the
nose."

E

그림 265. 탑낫 Topknot : 애프갠 하운드 Afghan Hound

탑라인 TOPLINE

위쪽 윤곽선.

일반적으로 위쪽 윤곽선은 아치가 있는 목 - 높은 견갑(긴 극돌기) - 평평한 등 - 미세한 아치형 허리를 말한다. 흉추 9번째가 홈이 있는 것은 결점이 아니다.

위쪽 윤곽선에 대한 3가지 다른 해석이 있으므로 주의해 볼 필요가 있다.

옆에서 보았을 때

① 두개부의 꼭대기에서 꼬리 기저까지의 윤곽선

② 귀의 기저 부분 직후에서 꼬리 기저까지의 윤곽선

③ 견갑 바로 뒤에서 꼬리 기저까지의 윤곽선

3가지 모두 동일한 의미이며 견종 심사에서는 ③번이 주로 사용된다.

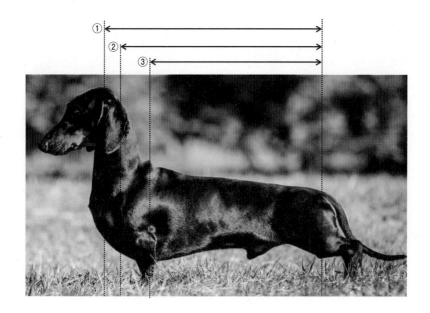

그림 266. 탑라인 Topline

탑스컬 TOPSKULL

크라운(Crown) 참조.

택틸 위스커르스 TACTILE WHISKERS

감각털. 촉모 觸毛.
주둥이 양쪽의 두껍고 길며 일직선을 이루는 털로 성글게 나며 **입모근**(立毛筋, 털세움근, 어렉
터르 파일라이 머슬 Arrector Pili Muscle)이 없다. 야생의 포유동물과 달리 가정견의 촉모는 실
제 별다른 역할을 하지 않으며 대부분 퇴화했다.

E

그림 267. 택틸 위스커르스 Tactile Whiskers : 새머예드 Samoyed

택틸 헤어르스 TACTILE HAIRS

택틸 위스커르스 TACTILE WHISKERS 참조.

터라서네이스 TYROSINASE

티노시나아제.

효소로 동식물 세포에 널리 있으며, 단백질을 만드는 20개의 아미노산 중 하나인 티로신(타이어러신 Tyrosine)을 산화시켜 멜라닌이나 다른 색소를 만드는 것을 촉매하는 작용을 한다. 이 효소가 부족하면 앨바이노 Albino 현상이 생기지만 후각신경에는 영향을 주지 않는다.

터르설 팰퍼브러 TERTIAL PALPEBRA

제3안검 第三眼瞼.

닉티테이팅 멤브레인 Nictitating Membrane 참조.

테일 TAIL

꼬리.

해부학적으로 꼬리는 견종에 따라 4~23개의 미추(카시지얼 버르터브러 Coccygeal Vertebrae)로 구성되어 있다. 대부분의 견종들은 20개의 미추를 가지고 있다. 꼬리의 기저는 엉덩이의 끝 근처에 있는 천추골(薦椎骨, 세이크럴 버르터브러 Sacral Vertebra)과 연결된다. 꼬리의 시작부분과 엉덩이의 연결부분을 **셋온**(Set-on, 요각 또는 인서션 Insertion)이라고 한다.

테일 타입스 TAIL TYPES

꼬리 유형.

테일 타입스 Tail Types	대표 견종	참조
게이 테일 Gay Tail	스카티시 테리어르 Scottish Terrier	그림 268
닥드 테일 Docked Tail	라트와일러르 Rottweiler	그림 269
랫 테일 Rat Tail	아이어리시 오터르 스패니얼 Irish Water Spaniel	그림 270
링 테일 Ring Tail	애프갠 하운드 Afghan Hound	그림 271
밥드 테일 Bobbed Tail	펨브룩 웰시 코르기 Pembroke Welsh Corgi	그림 272
브러쉬드 테일 Brushed Tail	사이비어리언 허스키 Siberian Husky	그림 273
세이버르 테일 Saber Tail	배싯 하운드 Basset Hound	그림 274, 275
소르드 테일 Sword Tail	그레이터르 스위스 마운턴 독 Greater Swiss Mountain Dog	그림 276
스냅 테일 Snap Tail	얼래스컨 맬러뮤트 Alaskan Malamute	그림 277
스쿼럴 테일 Squirrel Tail	피킹이즈 Pekingese	그림 278
스크루 테일 Screw Tail	보스턴 테리어르 Boston Terrier	그림 279
시클 테일 Sickle Tail	사이비어리언 허스키 Siberian Husky	그림 280

테일 타입스 Tail Types	대표 견종	참조
아터르 테일 Otter Tail	래브러도르 리트리버 Labrador Retriever	그림 281
윕 테일 Whip Tail	잉글리시 포인터르 English Pointer	그림 282
일렉트 테일 Elect Tail	스카티시 테리어르 Scottish Terrier	그림 283
커를드 테일 Curled Tail	르위전 엘크하운드 Norwegian Elkhound	그림 284, 285
캐롯 테일 Carrot Tail	웨스트 하이런드 화이트 테리어르 West Highland White Terrier	그림 286
크랭크 테일 Crank Tail	스태퍼르드셔르 불 테리어르 Staffordshire Bull Terrier	그림 287
크루크 테일 Crook Tail	보스롱 Beauceron	그림 288
킹크 테일 Kink Tail	프렌치 불독 French Bulldog	그림 289
테일리스 Tailless	경주개 동경이	그림 290
테일 타입스 Tail Types	잉글리시 세터르 English Setter	그림 291
플래그폴 테일 Flagpole Tail	비글 Beagle	그림 292
플룸드 테일 Plumed Tail	차이니스 크레스티드 Chinese Crested	그림 293
호러잔틀 테일 Horizontal Tail	불 테리어르 Bull Terrier	그림 294
훅 테일 Hook Tail	브리아르 Briard	그림 295

🏠 게이 테일 Gay Tail

활발한 꼬리.

곧바로 치켜든 꼬리. 대체적으로 활발함을 표현한다. 이탤리언 그레이하운드 Italian Greyhound에서는 결점으로 표기되어 있다.

🐕 **견종예시:** 스카티시 테리어르 Scottish Terrier

🐾 **견종표준**

Italian Greyhound :

"Tail: Slender and tapering to a curved end, long enough to reach the hock; set low, carried low. Ring tail a serious fault, **gay tail a fault**."

Scottish Terrier :

"The tail ⋯ It should be set on high and carried erectly, either vertical or with a slight curve forward, but not over the back. ⋯ "

Wire Fox Terrier :

"Tail should be set on rather high and carried **gaily** but not curled."

(가) 게이 테일 Gay Tail   (나) 스카티시 테리어르 Scottish Terrier

그림 268. 게이 테일 Gay Tail

🏠 게일리 케리드 테일 Gaily Carried Tail

활발한 꼬리.

게이 테일 Gay Tail 참조.

🏠 게일 이렉트 테일 Gaily Erect Tail

활발한 꼬리.

게이 테일 Gay Tail 참조.

🏠 닥드 테일 Docked Tail

자른 꼬리. 단미 斷尾.

견종표준에 따라 외과적으로 꼬리를 짧게 자른 것으로 통상 생후 4~5일 사이에 실시하며 길이는 체구에 맞게 일정한 기준이 정해져 있다. 견종에 따라 길이를 달리한다. 원래 꼬리를 자르는 목적은 사냥개가 관목이나 가시나무 숲을 지날 때 꼬리에 상처입는 것을 방지하기 위한 것이었으나 요즘은 미적 목적으로 꼬리를 자른다.

🐾 **견종예시:** 도베르먼 핀셔르 Doberman Pinscher, 라트와일러르 Rottweiler

🐾 **견종표준**

Doberman Pinscher :

"Tail **docked** at approximately second joint, appears to be a continuation of the spine, and is carried only slightly above the horizontal when the dog is alert."

Rottweiler :

"Tail - Tail **docked** short, close to body, leaving one or two tail vertebrae."

(가) 라트와일러르 Rottweiler   (나) 도베르먼 핀셔르 Doberman Pinscher

그림 269. 닥드 테일 Docked Tail

🏠 **랫 테일 Rat Tail**

쥐꼬리.

쥐꼬리와 같이 꼬리 부착점 부분이 두껍고 부드러운 털이 있는 반면, 끝쪽에는 털이 없고 가는 꼬리의 형태를 말한다.

🐾 **견종예시:** 아이어리시 오터르 스패니얼 Irish Water Spaniel

🐾 **견종표준**

Irish Water Spaniel :

"Tail: The "**Rat Tail**" is a striking characteristic of the breed and is strong, low set and carried level with the back and is not quite long enough to reach the point of the hock. … "

그림 270. 랫 테일 Rat Tail : 아이어리시 오터르 스패니얼 Irish Water Spaniel

🏠 링 테일 Ring Tail

링 모양 꼬리. 바퀴모양처럼 구부러진 꼬리.

일반적으로 긴 꼬리를 가진 견종을 말한 때 사용되며 원형 형태로 곡면이 일부 또는 전부에 있는 경우이다. 꼬리의 부착점이 높고 수레바퀴처럼 완곡을 이루는 유형과 꼬리 말단만이 위쪽으로 원형을 그리며 완곡을 이루는 유형들이 이 유형에 속한다.

이러한 모양의 꼬리를 가진 전형적인 유형은 애프갠 하운드 Afghan Hound이다. 그러나 저르먼 셰퍼르드 독 German Shepherd Dog에서는 결점이 된다.

🐦 **견종예시: 애프갠 하운드 Afghan Hound**

🐾 **견종표준**

<u>Afghan Hound :</u>

"Tail set not too high on the body, having a **ring**, or a curve on the end; …"

E

(가) 링 테일 Ring Tail

(나) 애프갠 하운드 Afghan Hound

그림 271. 링 테일 Ring Tail

🏠 밥 Bob

밥드 테일 Bobbed Tail 참조.

🏠 밥드 테일 Bobbed Tail

짧은 꼬리.

선천적으로 꼬리가 없는 것을 말한다. 혹은 생후 4~5일에 걸쳐 제 1미추에서 매우 짧게 단미(꼬리를 자를 것)한 것을 의미하기도 한다.

🔵 견종예시: 스피퍼르키 Schipperke, 올드 잉글리쉬 십독 Old English Sheepdog, 펨브룩 웰시 코르기 Pembroke Welsh Corgi

🐾 견종표준

Old English Sheepdog :

"Tail - Docked close to the body, when not naturally **bob tailed**."

그림 272. 밥드 테일 Bobbed Tail : 펨브룩 웰시 코르기 Pembroke Welsh Corgi

🏠 브러쉬 Brush

브러쉬드 테일 Brushed Tail 참조.

🏠 브러쉬드 테일 Brushed Tail

여우 꼬리.

여우처럼 털이 길고 늘어진 꼬리를 말한다. 혹은 중량감이 있는 브러시 피모의 늘어진 꼬리를 의미하기도 한다.

🔵 견종예시: 사이비어리언 허스키 Siberian Husky

🐾 견종표준

Siberian Husky :

"Tail: The well furred tail of **fox-brush shape** is set on just below the level of the topline, …"

그림 273. 브러쉬드 테일 Brushed Tail : 사이비어리언 허스키 Siberian Husky

🏠 비 스팅 테일 Bee Sting Tail

벌침 꼬리.

호러잔틀 테일 horizontal Tail 참조.

점점 가늘어져 뾰족한 끝점을 이루며, 상대적으로 짧고 강하고 반듯한 꼬리.

포인터르 Pointer에 사용되는 특별한 용어.

🏠 세이버르 테일 Saber Tail

사부르 꼬리.

위나 아래로 약간의 구부러짐이 있는 꼬리를 말한다. 사부르 꼬리에는 2가지 타입이 있다.

① 부드럽게 커브를 그리며 위쪽으로 올라간 형태

🐕 **견종예시:** 배싯 하운드 Basset Hound

🐾 **견종표준**

Basset Hound :

"The tail is not to be docked, and is set in continuation of the spine with but slight curvature, and carried gaily in hound fashion."

그림 274. 세이버르 테일 Saber Tail ① : 배싯 하운드 Basset Hound

② 반원형을 이루며 낮게 유지한 형태

🐶 **견종예시:** 저르먼 셰퍼르드 독 German Shepherd Dog, 체스키 테리어르 Cesky Terrier

🐾 **견종표준**

<u>Cesky Terrier :</u>

"Tail – … Tail may be carried downward, or with a slight bend at tip; or carried **saber shaped horizontally or higher.**"

<u>German Shepherd Dog :</u>

"Tail … At rest, the tail hangs in a slight curve like a **saber.**"

(가) 저르먼 셰퍼르드 독 German Shepherd Dog

(나) 체스키 테리어르 Cesky Terrier

그림 275. 세이버르 테일 Saber Tail ②

🏠 소르드 테일 Sword Tail

검 모양 꼬리.

벨전 십독 Belgian Sheepdog이나 저르먼 셰퍼르드 독 German Shepherd Dog처럼 길이가 거의 비절에 이르며 정지 시에 칼 모양으로 늘어진 꼬리 또는 꼬리를 올리면 마치 검처럼 보인다해서 붙여진 이름이다.

🐾 **견종예시:** 그레이터르 스위스 마운턴 독 Greater Swiss Mountain Dog, 배싯 그리펀 벤딘 Basset Griffon Vendeen, 벨전 십독 Belgian Sheepdog, 저르먼 셰퍼르드 독 German Shepherd Dog

🐾 **견종표준**

Greater Swiss Mountain Dog :

"The tail is thick from root to tip, tapering slightly at the tip, reaching to the hocks, and carried down in repose. When alert and in movement, the tail may be carried higher and slightly curved upwards, but should not curl, or tilt over the back."

(가) 그레이터르 스위스 마운턴 독 Greater Swiss Mountain Dog

(나) 배싯 그리펀 벤딘 Basset Griffon Vendeen

그림 276. 소르드 테일 Sword Tail

🏠 스냅 테일 Snap Tail

말려 붙은 꼬리.

시클 테일 Sickle Tail과 유사한 개념이나 꼬리 끝 부분이 등쪽을 향하면서 등과 접촉한 것이 다르다. 즉, 등 위로 말려 붙은 꼬리.

🐾 **견종예시:** 얼래스컨 맬러뮤트 Alaskan Malamute

Alaskan Malamute :

"The tail is carried over the back when not working. It is **not a snap tail** or curled tight against the back, nor is it short furred like a fox brush."

(가) 스냅 테일 Snap Tail

(나) 얼래스컨 맬러뮤트 Alaskan Malamute

그림 277. 스냅 테일 Snap Tail

🏠 스쿼럴 테일 Squirrel Tail

다람쥐 꼬리.

털이 조금 많고 위쪽으로 올라가며 등과 평행하나 등에는 닿지 않는 것으로 다람쥐의 꼬리와 같은 형태를 말한다. 이 꼬리 형태로 긴 털을 갖는 견종으로는 패펄란 Papillon이 있다. 노르퍽 테리어 Norfolk Terrier, 스탠더르드 슈나우저르 Standard Schnauzer, 잉글리시 팍스하운드 English Foxhound, 파르슨 러슬 테리어르 Parson Russell Terrier에서의 스퀘럴 테일은 결점이다. 체스키 테리어르 Cesky Terrier에서는 감점이다.

🐾 **견종예시:** 피킹이즈 Pekingese

🐾 **견종표준**

Cesky Terrier :

"A tail carried over the back almost touching the back, a gay or **squirrel tail**, reflects an incorrect tail set and is incorrect for the breed."

English Foxhound :

"Back and Loin: ⋯ the stern well set on and carried gaily but not in any case curved over the back like a **squirrel's tail**."

Pekingese :

"Tail - The high set tail is slightly arched and carried well over the back, free of kinks or curls. Long, profuse, straight fringing may fall to either side."

(가) 다람쥐(스퀘럴 Squirrel)   (나) 피킹이즈 Pekingese

그림 278. 스퀘럴 테일 Squirrel Tail

🏠 **스크루 테일 Screw Tail**

나선형 꼬리.

자연 단미로 굽어 있거나 와인 병따개 모양을 하고 있다.

🐾 **견종예시:** 보스턴 테리어르 Boston Terrier, 불독 Bulldog

🐾 **견종표준**

<u>Boston Terrier :</u>

"The tail is set on low, short, fine and tapering, straight or **screw** and must not be carried above the horizontal."

<u>Bulldog :</u>

"Tail - The tail may be either straight or 'screwed' (but never curved or curly), … "

(가) 스크루 테일 Screw Tail

(나) 보스턴 테리어르 Boston Terrier

(다) 불독 Bulldog

그림 279. 스크루 테일 Screw Tail

🏠 시클 테일 Sickle Tail

낫 모양 꼬리.

꼬리 부착점으로 부터 등위로 높게 올라갔으며 중간에 반원형을 그리며 낫 모양으로 구부러진 꼬리 형태를 말한다. 낫 모양 꼬리는 어키터 Akita에서 실격이다.

🐕 **견종예시:** 사이비어리언 허스키 Siberian Husky

🐾 **견종표준**

Akita :

"Tail: ⋯ Disqualification - **Sickle** or uncurled tail."

Siberian Husky :

"Tail: The well furred tail of fox-brush shape is set on just below the level of the topline, and is usually carried over the back in a **graceful sickle curve** when the dog is at attention."

(가) 시클 테일 Sickle Tail

(나) 사이비어리언 허스키 Siberian Husky

그림 280. 시클 테일 Sickle Tail

수달 꼬리.

부착점 부분이 몹시 두껍고 둥근 반면 끝 쪽은 가늘다. 아랫면의 털이 비교적 두텁다. 수달의 꼬리와 비슷한데서 유래한 명칭이다.

🐕 **견종예시:** 래브러도르 리트리버 Labrador Retriever

🐾 **견종표준**

Labrador Retriever :

"Tail- ⋯ The tail should be free from feathering and clothed thickly all around with the Labrador's short, dense coat, thus having that peculiar rounded appearance that has been described as the 'otter' tail."

(가) 아터르 테일 Otter Tail　　　　　(나) 수달(아터르 Otter)

(다) 래브러도르 리트리버 Labrador Retriever

그림 281. 아터르 테일 Otter Tail

🏠 윕 테일 Whip Tail

채찍 모양 꼬리.

곧고 길며 끝이 가늘고 뾰족한 형태로, 끝은 등선과 같은 높이로 뒤쪽으로 유지한다.

🐾 **견종예시:** 포인터르 Pointer

🐾 **견종표준**

<u>Pointer :</u>

"Tail: Heavier at the root, tapering to a fine point. Length no greater than to hock. A tail longer than this or docked must be penalized. Carried without curl, and not more than 20 degrees above the line of the back; never carried between the legs."

(가) 윕 테일 Whip Tail

(나) 잉글리시 포인터르 English Pointer

그림 282. 윕 테일 Whip Tail

🏠 일렉트 테일 Elect Tail

직립 꼬리. 곧바로 위를 향해 선 꼬리.

꼬리 부착점이 높으며 수직으로 서있거나 앞쪽으로 약간 구부러져 있다. 직립 꼬리는 스카티시 테리어르 Scottish Terrier의 두드러진 특징 중의 하나이다. 스카티시 테리어르 Scottish Terrier와 같은 자연형과 팍스 테리어르 Fox Terrier와 같은 절단 꼬리형이 있다.

👤 **견종예시:** 스카티시 테리어르 Scottish Terrier, 와이어르 팍스 테리어르 Wire Fox Terrier

🐾 **견종표준**

Scottish Terrier :

"The tail … It should be set on high and carried **erectly, either vertical** or with a slight curve forward, but not over the back. … "

Wire Fox Terrier :

"Tail should be set on rather high and carried gaily but not curled. It should be of good strength and substance and of fair length-a three-quarters dock is about right - since it affords the only safe grip when handling working Terriers."

(가) 스카티시 테리어르 Scottish Terrier - 자연형

(나) 와이어르 팍스 테리어르 Wire Fox Terrier - 절단형

그림 283. 일렉트 테일 Elect Tail

🏠 커를드 테일 Curled Tail

말린 꼬리.

말려서 등 가운데에 짊어진 것 같은 꼬리 형태를 말한다. 기본적으로 한 번 말린 꼬리,
두 번 말린 꼬리의 2가지 변화가 있다.

🐾 견종예시:

① 한 번 말린 꼬리 : 노르위전 엘크하운드 Norwegian Elkhound, 라서 압소 Lhasa Apso, 새머예
드 Samoyed, 피니시 스피츠 Finnish Spitz

② 두 번 말린 꼬리 : 버센지 Basenji, 퍼그 Pug

🐾 견종표준

Basenji :

"Tail is set high on topline, bends acutely forward and lies well **curled** over
to either side."

Finnish Spitz :

"Tail - Set on just below level of topline, forming a single **curl** falling over
the loin with tip pointing towards the thigh."

Lhasa Apso :

"Tail and Carriage: Well feathered, should be **carried** well over back in a
screw; there may be a kink at the end."

Norwegian Elkhound :

"Tail set high, tightly **curled**, and **carried** over the centerline of the back."

Pug :

"The tail is **curled** as tightly as possible over the hip. The double curl is perfection."

Samoyed :

"It should be profusely covered with long hair and carried forward over the back or side when alert, but sometimes dropped when at rest."

(가) 한 번 말린 꼬리 Single Curled Tail

(나) 등 뒤로 곧게 말린 꼬리 : 노르위전 엘크하운드 Norwegian Elkhound

(다) 허리쪽으로 말린 꼬리 : 피니시 스피츠 Finnish Spitz

(라) 한쪽으로 말린 꼬리 : 새머예드 Samoyed

(마) 한쪽으로 긴 털이 말려 내려간 꼬리 : 라서 압소 Lhasa Apso

그림 284. 한 번 말린 꼬리(싱글 커를드 테일 Single Curled Tail)

(가) 두 번 말린 꼬리 Double Curled Tail

(나) 대퇴와 가까운 척추 위로 두 번 말린 꼬리 : 버센지 Basenji

(다) 엉덩이 위로 두 번 말린 꼬리 : 퍼그 Pug

그림 285. 두 번 말린 꼬리(더블 커를드 테일 Double Curled Tail)

🏠 캐롯 테일 Carrot Tail

당근 모양 꼬리.

꼬리 부착점 부분은 굵고 차츰 가늘어지면서 끝이 뾰족하게 생겼으며 수직으로 세워져 있다. 강한 털로 덮여있으며 깃털은 없다.

🐾 **견종예시:** 스카티시 테리어 Scottish Terrier, 웨스트 하이런드 화이트 테리어 West Highland White Terrier

🐾 **견종표준**

West Highland White Terrier :

"Tail - Relatively short, with good substance, and shaped like a **carrot**."

(가) 미성견

(나) 성견

그림 286. 캐롯 테일 Carrot Tail : 웨스트 하이런드 화이트 테리어르 West Highland White Terrier

🏠 크랭크 테일 Crank Tail

크랭크 모양 꼬리. 갈고리 테일의 일종.

구형 크랭크 또는 펌프 손잡이처럼 생겼다고 해서 붙여진 이름이다. 길이가 짧으며 아래를 향한 꼬리로 말단이 약간 상향해 꼬부라짐으로써 크랭크 형태를 띠고 있다.

🐾 **견종예시:** 불독 Bulldog, 스태퍼르드셔르 불 테리어르 Staffordshire Bull Terrier

Staffordshire Bull Terrier :

"The tail is undocked, of medium length, low set, tapering to a point and carried rather low. It should not curl much and may be likened to **an old-fashioned pump handle.**"

(가) 구형 크랭크

(나) 스태퍼르드셔르 불 테리어르
Staffordshire Bull Terrier

그림 287. 크랭크 테일 Crank Tail

구부러진 꼬리.

완곡이 있는 꼬리로 꼬리의 끝부분이 갈고리처럼 구부러져 있는 것을 말한다. 모양이 보기 흉한 꼬리의 대명사로 알려져 있다.

🐾 **견종예시:** 보스롱 Beauceron, 피러니언 셰퍼르드 Pyrenean Shepherd

🐾 **견종표준**

Beauceron :

"Tail - ⋯ Disqualification - Docked tail, or tail carried over the back"

Pyrenean Shepherd :

"Tail - ⋯ It should be set on rather low and forming a **crook** at the end ⋯"

그림 288. 크루크 테일 Crook Tail : 보스롱 Beauceron

🏠 **킹크 테일 Kink Tail**

비틀린 꼬리.

꼬리가 시작되는 부분에서부터 갑자기 비틀린 것처럼 굽은 짧은 꼬리. 버르니즈 마운턴 독 Bernese Mountain Dog에서의 킹크 테일은 결점이며 피니시 라프훈트 Finnish Lapphund에서는 중대한 결점이다.

🐾 **견종예시:** 프렌치 불독 French Bulldog

🐾 **견종표준**

Bernese Mountain Dog :

"The tail is bushy. ⋯ A **kink** in the tail is a fault."

Finnish Lapphund :

"The tail may have a 'J' hook in the end, but should not be **kinked**. A **kinked tail** results from the fusion of vertebrae and cannot be straightened out completely. A **kinked tail** is a serious fault"

French Bulldog :

"The tail is either straight or screwed (but not curly), short, hung low, thick root and fine tip; carried low in repose."

그림 289. 킹크 테일 Kink Tail : 프렌치 불독 French Bulldog

🏠 **테일리스 Tailless**

꼬리 없음.

선천적으로 꼬리가 없는 것으로 극히 드문 예이나 이를 결점으로 보지 않고 해당 견종의 특징으로 인정한다.

🐾 **견종예시:** 브리터니 Brittany, 올드 잉글리시 십독 Old English Sheepdog

Brittany :

"Tail – **Tailless** to approximately four inches, natural or docked."

Old English Sheepdog :

"Tail – Docked close to the body, when not naturally bob tailed."

(가) 브리터니 Brittany

(나) 올드 잉글리시 십독 Old English Sheepdog

(다) 경주개 동경이

그림 290. 테일리스 Tailless

🏠 플레깅 테일 Flagging Tail

축 처진 꼬리.

축 늘어진 꼬리. 힘없이 늘어진 꼬리.

🏠 플래그 테일 Flag Tail

깃발 모양 꼬리.

플래그 테일에 대한 2가지 해석이 있다.

① 일반적으로 포인트의 역할을 담당하는 조렵견처럼 높게 유지한 팁 Tip이 있는 긴 꼬리.

② 장식 털의 꼬리를 갖는 특수한 형태.

따라서 잉글리시 세터 English Setter의 플룸 테일 Plume Tail은 깃발 모양 꼬리의 범주에 속한다.

🐕 **견종예시:** 롱헤어르드 닥스훈드 Longhaired Dachshund, 비글 Beagle, 잉글리시 세터 English Setter

🐾 **견종표준**

Beagle :

"Tail: Set moderately high; carried gaily, but not turned forward over the back; with slight curve; short as compared with size of the hound; with brush."

E

Dachshund :

"Longhaired Dachshund: ⋯ Tail - Carried gracefully in prolongation of the spine; the hair attains its greatest length here and forms a veritable flag."

English Setter :

"Tail-a smooth continuation of the topline. Tapering to a fine point with only sufficient length to reach the hock joint or slightly less. Carried straight and level with the back. Feathering straight and silky, hanging loosely in a fringe."

(가) 비글 Beagle

(나) 잉글리시 세터르 English Setter

(다) 롱헤어르드 닥스훈드 Longhaired Dachshund

그림 291. 플래그 테일 Flag Tail

🏠 플래그폴 테일 Flagpole Tail

깃대 모양 꼬리.

등선에 대해 직각 방향으로 올라간 긴 꼬리.

🐵 **견종예시:** 비글 Beagle

🐾 **견종표준**

Beagle :

"Tail: Set moderately high; carried gaily, but not turned forward over the back; with slight curve; short as compared with size of the hound; with brush."

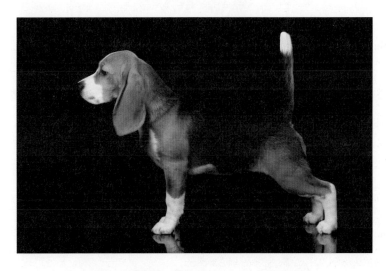

그림 292. 플래그폴 테일 Flagpole Tail : 비글 Beagle

🏠 플룸 테일 Plume Tail

깃발 모양 꼬리에서 늘어진 긴 우상모(羽狀毛 새의 깃과 같은 모양의 털)를 말한다.
플룸드 테일 Plumed Tail 참조.

🏠 플룸드 테일 Plumed Tail

깃털 모양 꼬리.

긴 깃털 모양의 장식 털로 일부 견종의 꼬리에서 끝부분이 깃털 모양의 길고 풍성한 털
(차이니스 크레스티드 Chinese Crested)이나 꼬리 전체가 깃털 모양의 길고 풍성한 털(피머
레이니언 Pomeranian, 피킹이즈 Pekingese).

🐕 **견종예시:** 피머레이니언 Pomeranian, 차이니스 크레스티드 Chinese Crested

🐾 **견종표준**

Chinese Crested :

"Tail - ⋯ In the Hairless variety, two-thirds of the end of the tail is covered by long, flowing feathering referred to as a **plume**. ⋯ "

Pomeranian :

"Tail - heavily **plumed**, set high and lies flat and straight on the back."

(가) 플룸드 테일 Plumed Tail

(나) 차이니스 크레스티드 Chinese Crested

(다) 피머레이니언 Pomeranian

그림 293. 플룸드 테일 Plumed Tail

🏠 호러잔틀 테일 Horizontal Tail

수평 꼬리.

등선과 일직선상의 수평을 이루는 꼬리.

🐾 **견종예시:** 불 테리어르 Bull Terrier

🐾 **견종표준**

Bull Terrier :

"Tail: Should be short, set on low, fine, and ideally should be carried **horizontally**."

그림 294. 호러잔틀 테일 Horizontal Tail : 불 테리어르 Bull Terrier

🏠 훅 테일 Hook Tail

갈고리 모양 꼬리.

물건을 매달기 위한 갈고리처럼 꼬리 끝이 위쪽으로 굽은 늘어진 형태의 꼬리. 그레이트 데인 Great Dane에서는 심각한 결점이다.

🐾 **견종예시:** 그레이트 피러니즈 Great Pyrenees, 브리아르 Briard

🐾 **견종표준**

Briard :

"Tail - ⋯ In repose, the bone of the tail descends to the point of the hock, terminating in the crook, similar in shape to the printed "J" when viewed from the dog's right side. In action, the tail is raised in a harmonious curve, never going above the level of the back, except for the terminal crook.

Great Dane :

"The tail ⋯ A ring or **hooked tail** is a serious fault. ⋯ "

Great Pyrenees :

"Tail - ⋯ The tail is well plumed, carried low in repose and may be carried over the back, "making the wheel," when aroused. When present, a "shepherd's crook" at the end of the tail accentuates the plume."

(가) 브리아르 Briard

(나) 그레이트 피러니즈 Great Pyrenees

그림 295. 훅 테일 Hook Tail

턱 업 TUCK-UP

올라간 복부.

몸통의 깊이가 요부에서 얕아져 옆에서 보았을 때 복부가 마치 위쪽으로 말려 올라간 것 같은 윤곽의 외관을 띤 것을 말한다. 견종에 따라 말려 올라간 상태가 급격한 것(그레이하운드 Greyhound), 중간인 것(도베르만 핀셔르 Doberman Pinscher), 경도인 것(프렌치 불독 French Bulldog)이 있다.

🐾 **견종예시:** 그레이하운드 Greyhound, 도베르먼 핀셔르 Doberman Pinscher, 프렌치 불독 French Bulldog

🐾 **견종표준**

<u>Doberman Pinscher :</u>

"Neck, Topline, Body: ⋯ Belly well **tucked up**,⋯"

<u>French Bulldog :</u>

"well ribbed with the belly **tucked up**."

<u>Greyhound :</u>

" Loins: ⋯, well cut up in the flanks."

좌-그레이하운드 Greyhound

우-이탤리언 그레이하운드 Italian Greyhound

(가) 급경사

(나) 중간 경사 : 도베르먼 핀셔르 Doberman Pinscher

(다) 약한 경사 : 프렌치 불독 French Bulldog

그림 296. 턱 업 Tuck-up

토루소 TORSO

몸통.

사람의 몸통 부분을 조각한 것을 토루소 Torso라고 하는데 개도 마찬가지로 몸통의 의미
를 갖는다. 머리와 갈비를 포함하지 않은 몸통을 말한다.

견종예시: 그레이트 데인 Great Dane, 벨전 십독 Belgian Sheepdog, 아나톨리언 셰퍼르드 독
Anatolian Shepherd Dog

견종표준

Anatolian Shepherd Dog :

"General impression - Appears bold, but calm, unless challenged. He pos-
sesses size, good bone, a well-muscled **torso** with a strong head."

그림 297. 토루소 Torso : 벨전 십독 Belgian Sheepdog

토우즈 TOES

발가락.

앞다리와 뒷다리의 발가락을 총칭하여 부르는 말.

토우(Toes) 또는 디지트(Digits)는 모두 발가락을 지칭하는 명칭이나 디지트가 좀 더 일반적인 용어이다. 발가락은 4개의 활용 가능한 발가락과 하나의 퇴화된 발가락으로 구성되어 있다. 각 발가락은 3개의 지골(발가락뼈)로 구성되어 있으며 마지막 3번째 지골 위에 발톱이 있다. 또한 각 발가락에는 패드 Pad를 가지고 있으며 4개의 활용 가능한 발가락 뒤에는 공통된 패드를 가지고 있으며 앞다리는 메터카르펄 패드 Metacarpal Pad라고 부르고 뒷다리는 메터타르슬 패드 Metatarsal Pad라고 부른다. 노르위전 룬데훈트 Norwegian Lundehund는 4개 이상의 활용 가능한 발가락을 가지고 있다.

🐾 견종예시: 노르위전 룬데훈트 Norwegian Lundehund

🐾 견종표준

Norwegian Lundehund :

"The feet are oval with **at least six fully developed toes**, five of which should reach the ground. Eight pads on each foot."

(가) 르웨지안 룬데훈트
Norwegian Lundehund

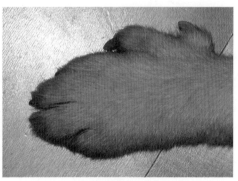

(나) 르웨지안 룬데훈트
Norwegian Lundehund의 발가락

그림 298. 토우즈 Toes

트라우저르 TROUSER

판탈롱 또는 나팔바지 모양의 털.

브리치즈 BREECHES 참조.

트라우저르 TROUSER는 헐렁헐렁한 판탈롱 Pantaloon형태를 의미한다. 즉, 긴 다량의 피모가 뒷다리의 대퇴나 하퇴 후면에 판탈롱처럼 자라난 것을 말한다.

🐾 **견종예시:** 애프갠 하운드 Afghan Hound, 케이스한드 Keeshond

🐾 **견종표준**

Afghan Hound :

"the impression of a somewhat exaggerated bend in the stifle due to pro-fuse **trouserings**-stand out clearly, ⋯ "

그림 299. **트라우저르** Trouser : **애프갠 하운드** Afghan Hound

트라우저링 TROUSERING

트라우저르 TROUSER 참조. 브리치즈 BREECHES 참조.

트래킹 타입스 TRACKING TYPES

보행궤도 유형.

🏠 더블 트래킹 Double Tracking

복선보행 複線步行.

걸을 때 앞발과 뒷발이 하나의 직선을 그리며 보행하는 것으로 왼쪽, 오른쪽 각각 하나씩 총 2개의 가상의 직선이 그려지기 때문에 복선보행이라고 한다.

🐾 **견종예시:** 레이크랜드 테리어 Lakeland Terrier, 불 테리어 Bull Terrier, 스피퍼르키 Schipperke, 에어르데일 테리어 Airedale Terrier

🐾 **견종표준**

Airedale Terrier :

"As seen from the front the forelegs should swing perpendicular from the body free from the sides, the feet the same distance apart as the elbows. As seen from the rear the hind legs should be parallel with each other, neither too close nor too far apart, … "

Bull Terrier :

"fore and hind legs should move parallel each to each when viewed from in front or behind."

Lakeland Terrier :

"Coming and going, the legs should be straight with feet turning neither in nor out; elbows close to the sides in front and hocks straight behind. As the dog moves faster he will tend to converge toward his center of gravity."

Schipperke :

"Schipperke movement is a smooth, well coordinated and graceful trot (basically double tracking at a moderate speed), with a tendency to gradually converge toward the center of balance beneath the dog as speed increases."

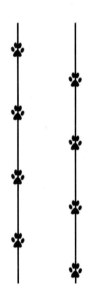

그림 300. 더블 트래킹 Double Tracking

싱글 트래킹 Single Tracking

단선보행 單線步行.

개가 점점 속도를 높여 걷게 되면 좌우로 흔들리는 것을 방지하기 위해서 점점 몸이 아래로 낮아지게 되는데 이때 앞다리와 뒷다리가 모두 몸통 아래 가로축선 또는 이에 가까운 안쪽으로 굽어지게 되어 네 발의 발자국이 중앙선상에 근접해 표시되는 보행.

견종예시: 아터르하운드 Otterhound, 어메리컨 에스커모 독 American Eskimo Dog, 얼래스컨 맬러뮤트 Alaskan Malamute

견종표준

Alaskan Malamute :

"At a fast trot, the feet will **converge toward the centerline of the body.**"

American Eskimo Dog :

"As speed increases, the American Eskimo Dog will **single track** with the legs converging toward the center line of gravity while the back remains firm, strong, and level."

Otterhound :

"Otterhounds **single track** at slow speeds."

그림 301. 싱글 트래킹 Single Tracking

🏠 포르 라인 트래킹 Four-Line Tracking

4선 보행.

체형에 의한 특별한 보행으로 발자국이 4개의 선을 그리면서 전진하는 보행으로 불독 Bulldog과 피킹이즈 Pekignese가 해당된다.

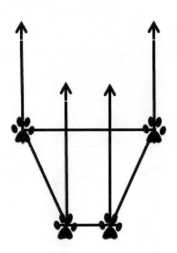

그림 302. 포르 라인 트래킹 Four-Line Tracking

티스 TEETH

덴티션 DENTITION 참조.

팁 TIP

꼬리 끝 다른색 털.

꼬리 끝이 하얀 털.

견종예시: 버르니즈 마운턴 독 Bernees Mountain Dog

견종표준

Bernees Mountain Dog:

"The **tip** of tail is white."

그림 303. **버르니즈 마운턴 독** Bernese Mountain Dog

파일 PILE

솜털.
부드러운 피모가 두텁게 밀생한 하모를 말한다.

판터넬 FONTANEL

천문 泉門.
몰레라 Molera 참조.

패드 PAD

볼록살.
앞다리와 뒷다리의 발가락 아래의 발바닥에 위치하며 충격을 흡수하는 쿠션 역할을 한다.
발가락 부분에서 가장 강하고 탄력 있는 섬유조직과 지방조직으로 되어있다. 일반적으로
색소가 짙은 각질화된 피부로 덮여 있으며 두껍게 발달하여 충격을 잘 흡수할 수 있어야
한다. 패드 Pad는 총 7개로 되어있다. 앞발에는 앞발목볼록살(카르펄 패드 Carpal Pad, 스타
퍼르 패드 Stopper Pad) 1개 또는 뒷발에는 뒷발목볼록살(타르설 패드, Tarsal Pad, 스타퍼르 패
드 Stopper Pad) 1개, 공용 패드(커뮤널 패드 Communal Pad) 또는 앞발에는 앞발허리볼록살
(메터카르펄 패드 Metacarpal Pad, 팰머르 패드 Palmar Pad) 1개 또는 뒷발에는 뒷발허리볼록
살(메터타르슬 패드 Metatarsal Pad, 플랜터르 패드 Plantar Pad) 1개, 발가락볼록살(디저틀 패즈
Digital Pads) 5개.

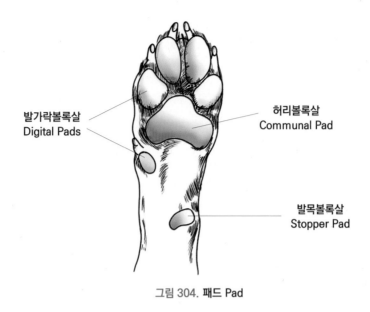

발가락볼록살
Digital Pads

허리볼록살
Communal Pad

발목볼록살
Stopper Pad

그림 304. 패드 Pad

패스터른 PASTERN

발목.

전지의 수근 관절에서 발가락 사이의 중수골(메터카르퍼스 Metacarpus) 부분을 말한다. 발목이 직립하면 착지 시에 충격을 완충할 수 없기 때문에 일반적으로 20°~25°가 바람직하며 이완된 것은 결점이다. 발목이 반듯한(스트레이트 Straight) 경우도 정상으로 보는 견종(예 : 푸들 Poodle)도 있다.

🏠 너클링 오버 Knuckling Over

발목 돌출.

개가 서있을 때 발목 관절이 돌출되거나 앞으로 구부러져 있는 것으로 발이 아프거나 추간판 디스크 질환(인터르버르터브럴 디스크 디지즈 Intervertebral Disc Disease), 발목 굴곡 변형(카르펄 플렉서럴 디포르머티 Carpal Flexural Deformity), 섬유 연화성 색전증(파이브로카르틸래저너스 엠벌리즘 Fibrocartilaginous Embolism), 퇴행성 골수증(디제너러티브 마이얼라퍼시 Degenerative Myelopathy)에 의해서 발생될 수 있다. 일반적으로 결점으로 판단한다. 배싯 하운드 Basset Hound에서 너클링 오버가 되는 경우가 많이 발생하기 때문에 주의해서 관찰할 필요가 있다.

🐕 견종예시: 닥스훈드 Dachshund, 배싯 하운드 Basset Hound, 해리어르 Harrier

Basset Hound :

"Forequarters: ··· **Knuckling over** of the front legs is a disqualification."

Dachshund :

"Forearm - ··· **Knuckling over** is a disqualifying fault."

Harrier :

"Forequarters: ··· Good straight legs with plenty of bone running well down to the toes, but not overburdened, inclined to **knuckle over** very slightly but not exaggerated in the slightest degree."

(가) 발목 돌출

(나) 배싯 하운드 Basset Hound

그림 305. 너클링 오버 Knuckling Over : 배싯 하운드 Basset Hound

낮은 발목.

수직선으로부터 이상적인 각도보다 더 큰 각도를 가진 경우로 일반적으로 25° 이상을 의미한다. 정상적인 발목의 길이보다 길거나 건의 이완에 의해서 수근 관절부가 이완 혹은 약해져서 발목이 경사를 이루며 앞에서 보았을 때 내려가 보이는 형태이다. 이러한 전지는 지구력이 결여되기 때문에 대부분의 견종에서 결점이 된다.

🐾 **견종예시:** 노버 스코샤 덕 톨링 리트리버르 Nova Scotia Duck Tolling Retriever, 브리터니 Brittany, 저르먼 셰퍼르드 독 German Shepherd Dog

🐾 **견종표준**

Brittany :

"Front Legs - ⋯ Pasterns slightly sloped. **Down in pasterns is a serious fault.**"

German Shepherd Dog :

"The pasterns are strong and springy and angulated at approximately a 25-degree angle from the vertical."

Nova Scotia Duck Tolling Retriever :

"The pasterns are strong and slightly sloping. Fault - **down in the pasterns.**"

(가) 낮은 발목

(나) 보르조이 Borzoi

그림 306. 다운 인 패스터른스 Down in Pasterns : 보르조이 Borzoi

🏠 성컨 패스터른스 Sunken Pasterns

낮은 발목.

다운 인 패스터른스 Down in Pasterns 참조

퍼랜쥐즈 PHALANGES

지골 指骨. 뒷발가락뼈.

발가락은 4개로 이루어져 있으며 1개의 발가락은 3분절로 되어있다. 첫 번째 분절은 기절골(基節骨, 첫마디뼈, 프락서멀 퍼랜쥐즈 Proximal phalanges), 두 번째 분절은 중절골(中節骨, 중간마디뼈, 미들 퍼랜쥐즈 Middle Phalanges), 마지막 분절은 말절골(末節骨, 끝마디뼈, 디스털 퍼랜쥐즈 Distal Phalanges)이라 한다. 4개의 발가락 중에서 2번째와 3번째 발가락이 조금 길다.

Ⅱ

퍼로 FURROW

세로 주름.

두개골의 중앙에서 두 눈 사이를 따라 스탑 Stop 방향으로 가로 지르는 이마 부분의 주름.
이러한 주름은 뼈의 구조와 근육의 발달에 의해서 형성된다.

🎧 **견종예시:** 매스티프 Mastiff, 박서르 Boxer, 불독 Bulldog, 세인트 버르너르드 Saint Bernard,
시바 이누 Shiba Inu, 차우차우 Chow Chow, 클럼버르 스패니얼 Clumber Spaniel

🐾 **견종표준**

Mastiff :

"Arch across the skull a flattened curve with a **furrow** up the center of the
forehead."

그림 307. 퍼로 Furrow : 시바 이누 Shiba Inu

퍼텔러 PATELLA

슬개골 膝蓋骨. 무릎뼈.

슬개골은 타원형의 작은 뼈로 무릎관절의 원활한 움직임을 도와주는 역할을 한다.

페더링 FEATHERING

우모 羽毛. 북슬북슬한 털.

귀 · 다리 · 꼬리 · 몸에 있는 긴 장식털(프린지 Fringe)을 말한다.

🐕 **견종예시:** 고르든 세터 Gordon Setter, 캐벌리어 킹 찰즈 스패니얼 Cavalier King Charles Spaniel

🐾 **견종표준**

Cavalier King Charles Spaniel :

"**Feathering** on ears, chest, legs and tail should be long, and the feathering on the feet is a feature of the breed."

Gordon Setter :

"with long hair on ears, under stomach and on chest, on back of the fore and hind legs, and on the tail. The **feather** which starts near the root of the tail is slightly waved or straight, having a triangular appearance, growing shorter uniformly toward the end."

(가) 이상적인 페더링 Ideal Feathering

(나) 잉글리시 세터 English Setter

그림 308. 페더링 Feathering : 잉글리시 세터 English Setter

페이스 타입스 FACE TYPES

얼굴 유형.

페이스 타입스 Face Types	대표 견종	참고
다운 페이스 Down Face	도베르만 핀셔르 Doberman Pinscher	그림 309
디쉬 페이스 Dish Face	잉글리시 포인터르 English Pointer	그림 310
브로컨업 페이스 Broken-up Face	피킹이즈 Pekingese	그림 311

🏠 다운 페이스 Down Face

경사진 얼굴.

접시 모양 얼굴과 반대로 비골(코뼈)이 스탑보다 코에서 조금 낮은 형태로 두개골에서 코 끝 방향 아래쪽으로 경사진 주둥이를 갖는 얼굴. 주둥이의 탑라인은 두개골과 주둥이의 연결점부터 점점 코끝으로 갈수록 조금 아래로 향한다.

🐕 **견종예시:** 도베르만 핀셔르 Doberman Pinscher, 불 테리어 Bull Terrier, 스피노네 이탈리아노 Spinone Italiano

🐾 **견종표준**

Bull Terrier :

"In profile it should curve gently downwards from the top of the skull to the tip of the nose"

Spinone Italiano :

"the upper longitudinal profiles of the skull and muzzle are divergent, **downfaced**, …"

그림 309. 다운 페이스 Down Face : 도베르먼 핀셔르 Doberman Pinscher

🏠 디쉬 페이스 Dish Face

접시 모양 얼굴.

비골(코뼈)이 오목한 접시 형상의 얼굴로 스탑보다 콧대가 높은 구조를 말한다. 옆에서 보았을 때 코가 휘어져 콧마루가 접시 모양처럼 보인다. 레드본 쿤하우드 Redbone Coonhound에서는 결점이 되고 어메리컨 팍스하운드 American Foxhound에서는 결함이 되며 브리터니 Brittany에서는 바람직하지 않다.

🐾 **견종예시:** 포인터르 Pointer

🐾 **견종표준**

American Foxhound :

" Defects- ⋯ giving a **dish-face** expression."

Pointer :

" ⋯ with the nasal bone so formed that the nose is slightly higher at the tip than the muzzle at the stop."

그림 310. 디쉬 페이스 Dish Face : 잉글리시 포인터르 English Pointer

🏠 브로컨업 페이스 Broken-up Face

들창코 얼굴.

단두형 머리에서 나타나는 특징으로 스탑과 주름이 깊고 눌린 형태로 코가 뒤로 물러
나 있으며 아래턱이 앞으로 나온 형태의 얼굴.

🐾 **견종예시:** 불독 Bulldog, 잉글리시 토이 스패니얼 English Toy Spaniel, 퍼그 Pug, 피킹이즈
Pekingese

🐾 **견종표준**

Bulldog :

"the muzzle being very short, broad, turned upward … "

그림 311. 브로컨업 페이스 Broken-up Face : 피킹이즈 Pekingese

🏠 터른업 페이스 Turn-up Face

브로컨업 페이스 Broken-up Face 참조.

포르쿼르터르스 FOREQUARTERS

전지. 앞다리.

네 다리는 체중의 중심 기둥이며 운동기관이다. 전지(앞다리)는 개 체중의 절반 이상을 전달하고 후지(윗다리)는 등을 타고 추진력과 움직임을 지원하기 위한 지렛대 역할을 한다. 전지는 견갑골·상완·전완·발목·발을 포함하며, 뼈·근육·힘줄·인대와 연결되고 신경계와 순환계와 연계된다. 후지는 **구와관절**(球窩關節, 볼 앤 소켓 조인트 Ball-and-socket Joint)로 직접적으로 연결되어 있으나 전지는 근육에 의해서 연결되어 있다. 네 다리는 올바른 각도가 요구되는데 특히 전지는 어깨의 경사·상완골의 세로축선에 대한 어깨 관절각도·수근관절의 각도가 중요하다.

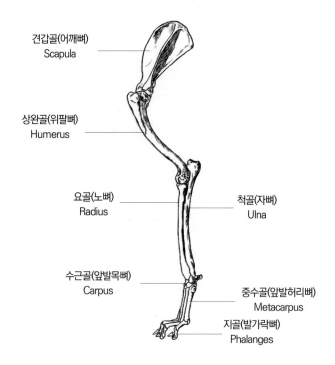

견갑골(어깨뼈)
Scapula

상완골(위팔뼈)
Humerus

요골(노뼈)
Radius

척골(자뼈)
Ulna

수근골(앞발목뼈)
Carpus

중수골(앞발허리뼈)
Metacarpus

지골(발가락뼈)
Phalanges

그림 312. **전지 골격**

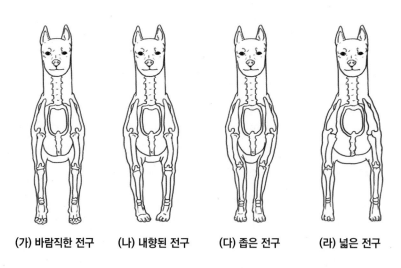

(가) 바람직한 전구   **(나) 내향된 전구**   **(다) 좁은 전구**   **(라) 넓은 전구**

그림 313. **전구 유형**

전구 각도.

전구에서는 견갑골의 각도 · 견갑골과 상완골의 각도 · 발목 각도가 중요하다. 해부학적으로 견갑골의 각도는 45˚, 견갑골과 상완골의 각도는 90˚ 그리고 발목 각도는 20˚을 가질 때 가장 이상적이다.

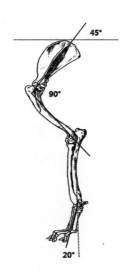

그림 314. 이상적인 전구 각도

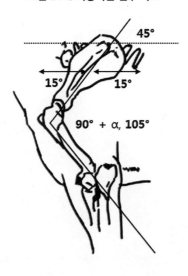

그림 315. 가장 일반적인 전구 각도

포인츠 POINTS

특정 부분의 다른색 털.

포인츠는 2가지 뜻으로 사용됨.

① 안면 · 팔꿈치 · 귀 · 다리 · 발 · 꼬리 등의 제한적 영역의 색. 일반적으로는 흰색과 검
   은색 혹은 탠.

② 특정 견종의 특별한 부분을 언급하고자 할 때 사용. 예를 들면, 불독 Bulldog의 스프레
   드 Spread, 케이스한드 Keeshond의 스펙터컬즈 Spectacles, 포인터르 Pointer의 디
   시페이스 Dishface를 언급할 때 사용됨.

(가) 포인츠 ① : 버르니즈 마운턴 독 Bernese Mountain Dog

(나) 포인츠 ② : 불독 Bulldog의 스프레드 Spread

(다) 포인츠 ② : 케이스한드 Keeshond의 스펙터컬즈 Spectacles

그림 316. 포인츠 Points

포즈 PAWS

핏 Feet 참조.

폴 FALL

더부룩한 앞머리.

두부 정수리에서 안면에 늘어진 장모를 말한다.

🐶 **견종예시:** 스카이 테리어르 Skye Terrier

🐾 **견종표준**

<u>Skye Terrier</u> :

"The head hair, which may be shorter, veils forehead and eyes and forms a moderate beard and apron."

그림 317. 폴 Fall : 스카이 테리어 Skye Terrier

폴아름 FOREARM

전완부.

전완부는 팔꿈치에서 발목 사이의 부분을 말하며 전완부는 요골(노뼈, 橈骨, 레이디어스 Radius)과 척골(자뼈, 尺骨, 얼너 Ulna) 그리고 뼈와 연결된 근육과 인대로 구성되어 있다. 전완골은 앞쪽이 요골이고 뒤쪽이 척골이다. 전완부는 팔꿈치 바로 아래로 수근관절에 의해 발목(패스터른 Pastern)에 연결된다.

프런트 FRONT

앞면.

앞에서 보았을 때 머리와 목을 제외한 몸의 앞쪽 부분으로 전지, 가슴, 전흉, 견갑을 포함한다.

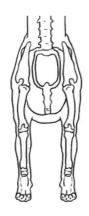

그림 318. 전구

프런트 타입스 FRONT TYPES

앞면 유형.

프런트 타입스 Front Types	대표 견종	참고
내로 프런트 Narrow Front	보르조이 borzoi	그림 319
바우드 프런트 Bowed Front		그림 320
스트레이트 프런트 Straight Front	토이 푸들 Toy Poodle	그림 321
스팁 프런트 Steep Front		그림 322
와이드 프론트 Wide Front	불독 Bulldog	그림 323
이스트 에스트 프런트 East-west Front		그림 324
치펀데일 프런트 Chippendale Front		그림 325

🏠 건 배럴 프런트 Gun Barrel Front

스트레이트 프런트 Straight Front 참조.

좁은 앞면.

앞에서 보아 전완부(앞발)가 바람직한 상태에 비해 훨씬 좁은 간격을 이룬 것으로 좁은 앞면은 흉곽의 용적이 좁아 이 때문에 앞다리 간격도 좁은 것을 의미한다.

🐕 **견종예시:** 보르조이 Borzoi

🐾 **견종표준**

<u>Borzoi</u> :

"Forelegs: Bones straight and somewhat flattened like blades, **with the narrower edge forward.** "

| (가) 정상(직선) 앞면 | (나) 좁은 앞면 |

(다) 보르조이 borzoi   (라) 좁은 앞면

출처 : https://www.louisdonald.com/blog/previous/7

그림 319. 내로 프런트 Narrow Front

🏠 바우드 프런트 Bowed Front

활 모양 앞면.

앞에서 보았을 때 팔꿈치(엘보우 Elbow)에서부터 바깥쪽으로 구부러져 있고 발목(수근 관절부)에서 다시 안쪽으로 구부러져 있다. 속어로 안짱다리라고 한다. 일반적으로는 결점으로 판단한다. 안짱다리는 유전적 · 영양불균형 · 질병 등에 의해서 발생될 수 있다.

🐾 **견종예시:** 티베튼 스패니얼 Tibetan Spaniel, 피킹이즈 Pekingese

🐾 **견종표준**

Pekingese :

"Forequarters: ··· The bones of the forelegs are moderately bowed between the pastern and elbow."

Tibetan Spaniel :

"Forequarters: ··· Faults - Extremely bowed or straight forearms, as viewed from front."

그림 320. 바우드 프런트 Bowed Front

🏠 스트레이트 프런트 Straight Front

곧은 앞면.

앞에서 보았을 때 전완부인 팔꿈치에서 발가락까지 수직으로 직선을 이루면서 두 다리가 서로 평행을 이룬 것.

 **견종예시:** 애프갠 하운드 Afghan Hound

 **견종표준**

Afghan Hound :

"Forelegs are **straight** and strong with great length between elbow and pastern"

그림 321. **스트레이트 프런트 Straight Front : 토이 푸들 Toy Poodle**

🏠 스팁 프런트 Steep Front

경사진 앞면.

옆에서 보았을 때 견갑골(어깨뼈)과 상완골(위팔뼈)의 접합 각도가 이상적인 각도 90°보다 크고 어깨가 높게 선 앞다리.

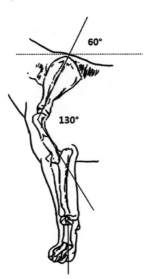

그림 322. 스팁 프런트 Steep Front : 골던 리트리버 Golden Retriever

🏠 와이드 프런트 Wide Front

넓은 앞면.

일반적으로 허용된 앞면에 비해 전지(앞다리)의 간격이 넓은 것.

일부 견종에서는 결점으로 판단하나 브리티시 불독 British Bulldog에서는 허용한다.

그림 323. 와이드 프론트 Wide Front : 불독 Bulldog

외향 앞면. 동서 앞다리.

앞에서 보았을 때 발이 바깥쪽으로 향한 것. 앞다리의 자세가 좌우로 흩어져 있는 상태. 일반적으로 엘보우가 안쪽을 향하고 견갑이 바깥을 향하면서 발생하게 된다.

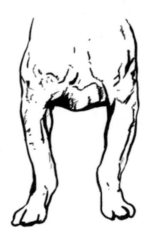

그림 324. **이스트 에스트 프런트 East-west Front**

⌂ **치펀데일 프런트 Chippendale Front**

구부러진 모양 앞면. 바이올린 모양 앞면.

앞에서 보았을 때 치펀데일(의자) 또는 바이올린 모양의 다리.

전지의 팔꿈치(엘보우 Elbow)가 바깥쪽으로 구부르지고 발목(패스터른 Pastern)에서 다시 안쪽에서 구부러진 후 발가락이 바깥쪽으로 구부러진 불량한 다리 형태.

🐾 **견종예시:** 댄디 딘만트 테리어르 Dandie Dinmont Terrier

🐾 **견종표준**

Dandie Dinmont Terrier :

"Bandy legs and **fiddle front** are objectionable."

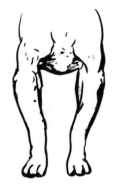

(가) 치펀데일 Chippendale   (나) 치펀데일 프런트 Chippendale Front

그림 325. **치펀데일 프런트 Chippendale Front**

🏠 캐브리올 프런트 Cabriole front

치펀데일 프런트 Chippendale Front 참조.

🏠 프렌치 프런트 French Front

치펀데일 프런트 Chippendale Front 참조.

🏠 피들 프런 Fiddle Front

치펀데일 프런트 Chippendale Front 참조.

프로스터르넘 PROSTERNUM

흉골병.
흉골분절 중에서 가장 앞에 있는 분절을 말한다.

프릴 FRILL

목 털.
목의 아래와 가슴의 길고 풍부하게 난 털을 말한다.

🐕 **견종예시:** 러프 칼리 Rough Collie

Rough Collie :

"The coat is very abundant on the mane and **frill**."

그림 326. 프릴 Frill : 러프 칼리 Rough Collie

플레멘 리스판스 FLEHMEN RESPONSE

플레멘 반응.

공기를 들이마실 때 입술을 젖혀 올려 입술을 사용하여 냄새 분석에 도움을 준다.

그림 327. 플레멘 리스판스 Flehmen Response : 사자(라이언 Lion)

플랭크 FLANK

옆구리.

마지막 늑골과 엉덩이 사이에 있는 몸통의 옆면으로 늑골 후방의 아랫배에 가까운 삼박 부위를 말한다. 풍부한 영양을 섭취한 개의 옆구리는 풍만하나 영양불량인 경우에는 오목하게 들어간다.

피그멘테이션 PIGMENTATION

색소 침착.

피모의 멜라닌 색소 과립(멜러닌 피그먼트 그래뉼 Melanin Pigment Granule) 침착 상태. 즉 착색이나 배색을 의미한다. 개의 피부의 색상은 피부조직에 있는 색소에 의해서 좌우된다. 어두운 색소 침착은 일반적으로 코 · 눈꺼풀 · 입술 · 발톱 · 패드 · 피부와 관련된다. 색소에 의한 피부색은 털의 색상과 깊은 관련이 있다. 대부분의 견종표준에서는 어떠한 반점도 없이 색소가 완전히 채워지기를 희망한다. 색소의 결핍은 피부색의 살구색 또는 밝은 색상으로 확인할 수 있다.

그림 328. **피그멘테이션** Pigmentation : 푸들 Poodle

피머르 본 FEMUR BONE

대퇴골 大腿骨. 넙다리뼈.

대퇴골은 골격의 중심으로 가장 크며 경골(脛骨, 정강뼈, 티비어 Tibia)과 비골(腓骨, 종아리뼈, 피뷸러 Fibula)에 비해 다소 짧다. 대퇴골은 관골(髖骨, 볼기뼈, 아스 칵서 OS Coxae)과 110°의 전위각(두 직선 사이의 앞쪽 각)을 경골과는 120°의 후위각(두 직선 사이의 뒤쪽 각)을 가질 때 이상적이다. 대퇴골두(大腿骨頭, 넙다리뼈머리, 페머럴 헤드 Femoral Head)는 반구형으로 관골구(臗骨臼) 내에 들어가 고관절을 형성한다.

핏 FEET

발.

개의 발은 4개의 독립된 발가락(토즈 Toes 또는 디지츠 Digits)로 구성되어 있으며 각 발가락은 3개의 마디뼈(퍼랜지즈 Phalanges)으로 구성되어 있다. 발톱은 마지막 마디뼈에서 나오게 된다. 각 발가락에는 충격을 흡수해주는 발가락 패드(디저틀 패드 Digital Pad)가 있으며 4개의 발가락 패드 뒤에는 하나의 커다란 공용 패드(커뮤널 패드 Communal Pad)가 있다. 이 공용 패드를 앞발에서는 앞발허리볼록살(메터카르펄 패드 Metacarpal Pad)이라고 부르며 뒷발에서는 뒷발허리볼록살(메터타르슬 패드 Metatarsal Pad)이라고 부른다. 앞발은 항상 뒷발보다 더 크다. 대부분의 견종에서 앞발이 체중의 60%를 흡수하고 뒷발은 체중의 40%를 흡수한다. 따라서 발의 크기도 그에 비례하여 형성된다. 첫 번째 발가락은 발목(패스터른 Pastern) 안쪽에 위치하며 며느리발톱(듀클로 Dewclaw)이라고 한다. 뒷다리의 며느리발톱은 퇴화되거나 기능이 없다.

핏 타입스 FEET TYPES

발 유형.

핏 타입스 Feet Types	대표 견종	참고
스플레이 핏 Splay Feet	아이어리시 오터르 스패니얼 Irish Water Spaniel	그림 329
웹드 핏 Webbed Feet	뉴펀들런드 Newfoundland	그림 330
캣 핏 Cat Feet	미니어처르 슈나우저르 Miniature Schnauzer	그림 331
헤어르 핏 Hare Feet	보르조이 Borzoi	그림 332

🏠 스프레드 Spread

스플레이 핏 Splay Feet 참조.

🏠 스프레딩 핏 Spreading Feet

스플레이 핏 Splay Feet 참조.

🏠 스플레이 핏 Splay Feet

벌어진 발.

발가락이 모이지 않고 각각 벌어져 있는 모양, 일반적으로 결함을 표현하기 위해 사용한다. 그러나 일부 견종에서는 벌어진 정도에 따라 바람직한 형태를 표현할 때에도 사용한다.

🐾 **견종예시:** 아이어리시 오터르 스패니얼 Irish Water Spaniel

🐾 **견종표준**

<u>Brittany :</u>

"Feet - ⋯ Flat feet, **splayed feet**, paper feet, etc., are to be heavily penalized. ⋯"

<u>Irish Water Spaniel :</u>

"Feet: Large, round, somewhat **spreading**. ⋯ "

그림 329. 스플레이 핏 Splay Feet

🏠 오픈 토드 Open-toed

스플레이 핏 Splay Feet 참조.

🏠 오픈 풋 Open-foot

스플레이 핏 Splay Feet 참조.

🏠 웹드 핏 Webbed Feet

물갈퀴 발.

모든 개는 어느 정도 물갈퀴를 가지고 있다. 그러나 일부 견종에서는 다른 견종에 비해서 더 잘 발달되었다. 물갈퀴는 부드러운 피부막으로 수영이나 포획물 회수, 눈이나 모래밭에서의 작업을 용이하게 해준다. 따라서 사냥감을 물어 운반하는 체서피그 베이 리트리버 Chesapeake Bay Retriever나 물소사냥 전문개인 아터르하운드 Otterhound는 발가락 사이에 물갈퀴용 막이 잘 발달되어 있다.

🐶 **견종예시:** 사이비어리언 허스키 Siberian Husky, 얼래스컨 맬러뮤트 Alaskan Malamute, 아터르하운드 Otterhound, 체서피그 베이 리트리버 Chesapeake Bay Retriever

🐾 **견종표준**

Chesapeake Bay Retriever :

"Well **webbed hare feet** should be of good size with toes well-rounded and close."

Newfoundland :

"Feet are proportionate to the body in size, **webbed**, and **cat foot** in type."

그림 330. 웹드 핏 Webbed Feet : 뉴펀들런드 Newfoundland

🏠 캣 핏 Cat Feet

고양이 발.

짧고 둥글며 발가락이 고양이처럼 꼭 오므려지고 아치형을 이루는 발. 가운데 2개의 발가락이 다른 2개보다 약간 길다. 발가락 볼록살은 두꺼운 피부로 덮여있어서 충격을 잘 흡수한다. 착지할 때 쿠션이 좋은 이상적인 발이다.

🐾 **견종예시:** 미니어처르 슈나우저르 Miniature Schnauzer, 비숑 프리제 Bichon Frise, 어키터 Akita

🐾 **견종표준**

Bichon Frise :

"The feet are tight and round, **resembling those of a cat** and point directly forward, turning neither in nor out."

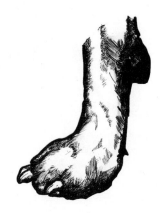

그림 331. 캣 핏 Cat Feet

🏠 페어퍼 핏 Paper Feet

얇은 발.

얇은 패드(볼록살)를 가지고 있는 발로 발가락이 평편하고 넓게 벌어진 모양. 착지할 때 충격을 흡수하는 능력이 부족하다.

토끼 발.

오무라져 있으며 토끼처럼 길고 폭이 좁은 형태. 가운데 2개의 발가락이 다른 것보다 조금 길며 좋은 아치를 가지고 있다. 이러한 발 모양은 초기에 높은 속도와 점핑 능력을 제공해주게 된다.

🐾 **견종예시:** 보르조이 Borzoi, 차이니즈 크레스티드 Chinese Crested

🐾 **견종표준**

Borzoi :

"Feet: **Hare-shaped**, with well-arched knuckles, toes close and well padded."

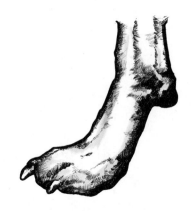

그림 332. 헤어르 핏 Hare Feet

하드-비튼 익스프레션 HARD-BITTEN EXPRESSION

어피어런스 하드-비튼 Appearance Hard-Bitten 참조.

하이트 어브 렉 HEIGHT OF LEG

지장. 다리 길이.

견갑에서 지면에 이르는 수직거리인 체고에서 견갑에서부터 가슴 아래까지의 수직거리인 흉심을 뺀 부분을 말한다. 일반적으로 팔꿈치에서 지면까지의 수직거리를 말한다.

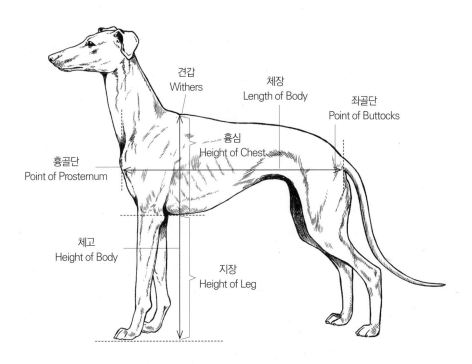

그림 333. 하이트 어브 렉 Height of Leg

하인드쿼르터르스 HINDQUARTERS

후구 後軀.

후구는 전구 움직임의 근원이 되며, 전구와 달리 관절로 직접 몸통의 뼈와 연결된다. 후구는 관골(뒷다리이음뼈, 펠빅 거르들 Pelvic Girdle), 대퇴골(넙다리뼈, 피머르 Femur), 경골(정강뼈 티비어 Tibia)와 비골(종아리뼈 피뷰러 Fibula), 족근골(足筋骨, 뒷발목뼈, 타르서스 Tarsus), 중족골(중족골, 뒷발허리뼈, 메터타르슬 본즈 Metatarsal Bones), 지골(지골, 발가락뼈, 퍼랜지즈 페디스 Phalanges Pedis)로 구성되어 있다. 이러한 뼈들은 근육, 인대, 건이 연결되어 있으며 신경 및 순환계와 연계한다. 관골은 견갑골처럼 움직이지 않으며 후구에서 대퇴골 이하가 움직인다. 후구도 전구와 마찬가지로 각도가 중요시된다. 특히 무릎관절과 전진운동의 기점인 비절의 각도가 중요하며 견종에 따라 차이가 있다.

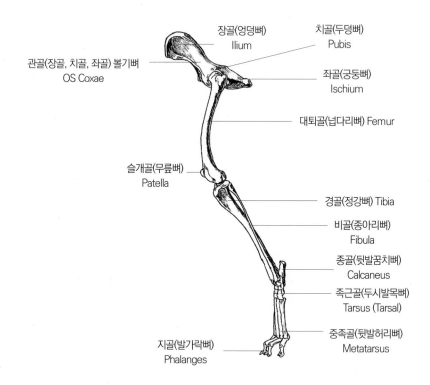

그림 334. 하인드쿼르터르스 Hindquarters

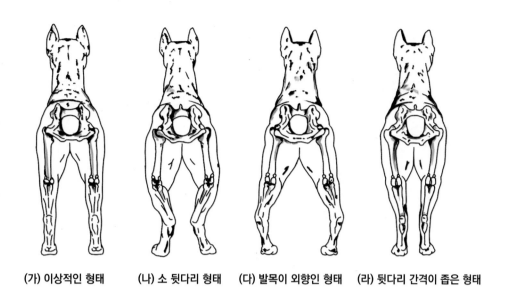

| (가) 이상적인 형태 | (나) 소 뒷다리 형태 | (다) 발목이 외향인 형태 | (라) 뒷다리 간격이 좁은 형태 |

그림 335. 후구 형태(하인드쿼르터르스 타입스 Hindquarters Types)

하인드쿼르터르스 앵귤레이션 HINDQUARTERS ANGULATION

후구 각도.

후구에서는 관골의 각도, 관골과 대퇴와의 각도, 대퇴와 하퇴와의 각도, 비절의 각도등이
포함된다. 해부학적으로 관골은 30°, 대퇴와 하퇴의 각도인 무릎관절은 110°일 때 이상
적이다.

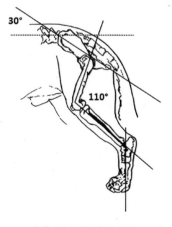

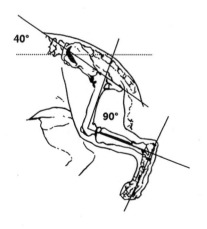

| (가) 이상적인 후구 각도 | (나) 과도한 각도 |

그림 336. 후구 각도

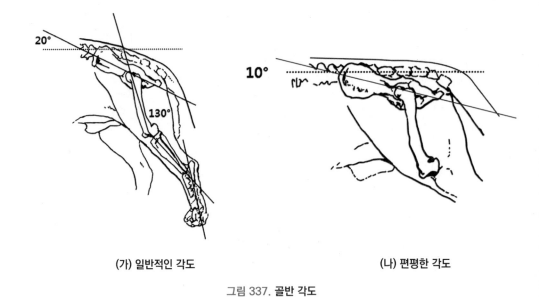

(가) 일반적인 각도   (나) 편평한 각도

그림 337. 골반 각도

학 HOCK

학 조인트 Hock Joint 참조.

학 조인트 HOCK JOINT

비절 飛節.

뒷다리의 낮은 관절이며 하퇴와 발목 사이에 위치한다. 인간의 뒤꿈치에 해당한다. 하퇴골과 중족골 사이의 족근 관절을 구성하는 족근골(足根骨, 뒷발목뼈, 타르서스 Tarssus) 부위로 족근골의 뒤쪽에 종골(踵骨, 뒷발꿈치뼈, 캘케이니어스 Calcaneus)이 돌출해 있다. 비절에는 아킬레스건이 붙어 있으며 비절 관절의 움직임에 의해 전진운동이 일어나므로 이 부위가 견실하고 넓고 긴 것이 바람직하다. 각도가 상당히 중요시되며 일반적으로 족근 관절의 각도는 120°~150°를 이루며 견종에 따라 차이가 있다.

학 타입스 HOCK TYPES

비절 유형.

학 타입스 Hock Types	대표 견종	참고
배럴 학스 Barrel Hocks		그림 338
스트레이트 학스 Straight Hocks	차우차우 Chow Chow	그림 339
시클 학스 Sickle Hocks		그림 340
웰 앵귤레이티드 학스 Well-angulated Hocks	와이머라너르 Weimaraner	그림 341
카우 학스 Cow Hocks		그림 342

🏠 러버 학스 Rubber Hocks

고무 비절.

트위스팅 혹스 Twisting Hocks 참조.

🏠 바우 학스 Bow Hocks

배럴 혹스 Barrel Hocks 참조.

🏠 배럴 학스 Barrel Hocks

통 모양 비절.

발가락 부분이 안쪽으로 굽어 있어 뒤에서 보았을 때 밖으로 돌아간(향한) 비절.
개가 움직일 때 뒷다리가 상호 교차하는 경향이 있어 건들거리는 것처럼 보이고 추진력에 심각한 손실을 가져오게 된다.

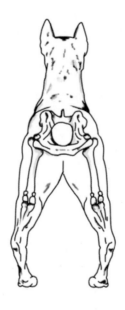

그림 338. 배럴 학스 Barrel Hocks

🏠 밴디 학스 Bandy Hocks

배럴 학스 Barrel Hocks 참조.

🏠 스트레이트 학스 Straight Hocks

직립 비절.

비절의 각도가 거의 없으며 일직선인 후지로 이 경우 보폭이 좁은 죽마(竹馬, 스틸트 Stilt)와 같은 보행이 된다.

🐕 **견종예시:** 차우차우 Chow Chow

🐾 **견종표준**

Chow Chow:

"Hock Joint well let down and appears almost **straight**."

(가) 직립 비절

(나) 죽마(竹馬, 스틸트 stilt)

(다) 차우차우 Chow Chow

그림 339. 스트레이트 학스 Straight Hocks

🏠 슬립드 학스 Slipped Hocks

인버르티드 학스 Inverted Hocks 참조.

🏠 시클 학스 Sickle Hocks

낫 모양 비절.

옆에서 보았을 때 비절이 낮아져 낫 모양처럼 보인다. 심한 경우 결점이 된다.

🐾 **견종예시:** 휘핏 Whippet

🐾 **견종표준**

Whippet:

"**Sickle** or cow hocks should be strictly penalized."

그림 340. **시클 학스 Sickle Hocks**

🏠 와이드 학스 Wide Hocks

배럴 학스 Barrel Hocks 참조.

🏠 웰 벤트 학스 Well Bent Hocks

웰 앵귤레이티드 학스 Well-angulated hocks 참조.

🏠 웰 앵귤레이티드 학스 Well-angulated Hocks

좋은 비절. 둔각 비절.

직립 비절(스트레이트 학 Straight Hock)의 반대 의미. 좋은 각도를 가진 비절로 해당 견종표준에 제시한 각도와 일치하는 비절. 대부분 견종이 130°~140°를 이룬다.

🐕 **견종예시:** 와이머라너르 Weimaraner

🐾 **견종표준**

Weimaraner:

"**Well-angulated** stifles and straight hocks."

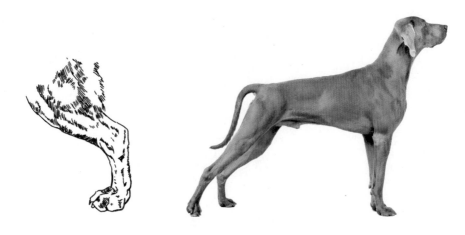

그림 341. 좋은 비절(Well-angulated hock) : 와이머라너르 Weimaraner

🏠 인버르티드 학스 Inverted Hocks

역비절.

비절의 각도가 지나치게 서있어서 힘주어서면 비절이 앞이나 옆으로 구부러지는 것.

🏠 카우 학스 Cow Hocks

소다리 모양 비절.

양쪽 비절이 서로 안쪽 방향으로 향하는 것으로 정지 상태나 움직일 때 확인할 수 있다. 뒤에서 보았을 때 후지의 양쪽 비절이 발보다 안쪽으로 가까이 있는 형태이다. 무릎부와 발가락이 바깥쪽으로 향하므로 추진력이 심각한 손실을 가져오게 된다. 따라서 경미한 경우를 제외하고는 결점이 된다.

🐾 **견종예시:** 댈메이션 Dalmatian, 휘핏 Whippet

🐾 **견종표준**

Dalmatian:

"Cowhocks are a major fault."

Whippet:

"Sickle or cow hocks should be strictly penalized."

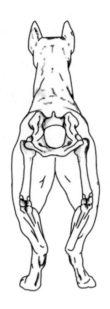

그림 342. **카우 학스 Cow Hocks**

🏠 **트위스팅 학스 Twisting Hocks**

비틀린 비절.

과중한 체중을 지탱하고 그것을 견뎌내기 위해 좌우의 비절 관절이 비틀어진 것으로
바르지 못한 걸음걸이의 원인이다.

핵클스 HACKLES

발기성 목털.

싸움을 하거나 화가 났을 때 본능적으로 곧게 서는 목과 등 부분의 털로 입모근(立毛筋, 털세
움근, 어렉터르 파일라이 머슬 Arrector Pili Muscle)이 있어 강력한 정성 반응을 일으킬 경우 근
육이 수축함으로써 털이 선다.

그림 343. **핵클스 Hackles** : 사이비어리언 허스키 Siberian Husky

허르니어 HERNIA

탈장 脫腸.

비정상적인 홈으로 인하여 기관 또는 조직이 돌출한 것을 말한다. 배꼽 헤르니아(엄빌리컬 허르니어 Umbilical Hernia)라고 하는 것이 정확하다. 돌출한 배꼽으로 생후에 배꼽이 발육 부진으로 충분히 줄어들지 못해 장이 탈출함으로써 발생한다. 장모종은 털에 숨어 쉽게 알 아볼 수 없으나 단모종은 금방 눈에 띄어 수술을 받는 경우가 많다.

그림 344. **허르니어 Hernia**

헤드 HEAD

머리

헤드는 개의 가장 명확한 부분으로 견종을 결정하기 위한 가장 중요한 요소이다. 두개부(스컬 Skull)는 머리를 구성하는 여러 뼈들로 구성되어 있다. 머리는 머리뼈인 두개골(크레이니엄 Cranium, 브레인 케이스 Brain Case, 탑스컬 Topskull)과 앞면 (또는 주둥이)의 뼈들 그리고 이들과 연관된 근육과 감각기관들로 구성되어 있다. 두개부는 기본적으로 뇌를 보호한다. 눈·귀·주둥이의 모양과 두개골의 길이 그리고 다른 여러 특징들이 모여서 머리의 모양을 결정한다. 견종의 구조 자체는 변하지 않기 때문에 견종표준에서 제시하는 뜻을 정확하게 이해해야 한다.

두개부는 위턱(어퍼르 조 Upper Jaw, 상악골 上顎骨, 위턱뼈, 맥실러 Maxilla), 아래턱(로어르 조 Lower Jaw, 하악골 下顎骨, 아래턱뼈, 맨더블 Mandible), 협골궁(頰骨弓, 광대뼈, 자이거매틱 아르치 Zygomatic Arch), 전두골(前頭骨, 이마뼈, 프런틀 본 Frontal Bone), 측두골(側頭骨, 관자뼈 템퍼럴 본 Temporal Bone), 시상능(矢狀棱, 새저틀 크레스트 Sagittal Crest), 후두융기(後頭隆起, 뒤통수뼈 융기, 악시피털 프로튜버런스 Occipital Protuberance) 등으로 구성되어 있다.

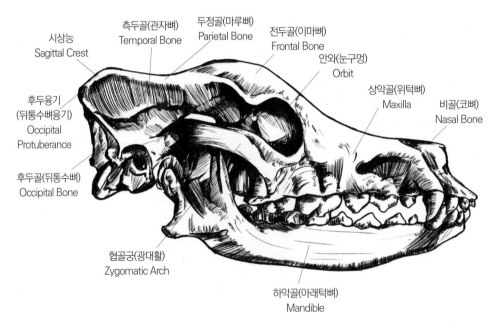

그림 345. **두개골 구조(스컬 어내터미 Skull Anatomy)**

※ 견종의 특징을 결정하는 머리의 5가지 주요 부분: 1. 두정부(頭頂部, 탑 어브 더 헤드 Top of the Head 또는 탑스컬 Topskull) 2. 액단(스탑 Stop) 3. 협골궁(頰骨弓, 뺨과 관자놀이 사이에 있는 뼈가 있는 부분) 4. 저작근(咀嚼筋, 머슬 어브 메스테이션 Muscle of Mastication 또는 매시터르 Masseter, 음식물을 씹는 작용을 하는 안면 근육) 5. 주둥이(머즐 Muzzle)

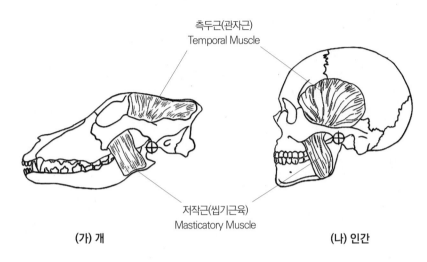

그림 346. 턱 근육(조 머슬즈 Jaw Muscles)

헤드 타입스 HEAD TYPES

머리 유형.

머리는 전두골(前頭骨) · 두정골(頭頂骨) · 후두골(後頭骨) · 측두골(側頭骨) · 상악골(上顎骨) · 비골(鼻骨) · 절치골(切齒骨) 등 머리에 있는 여러 뼈들이 상호 연결되어 두개골을 형성한다. 개의 머리는 다른 골격에 비해 형태변화가 다양해 일반적으로 3가지 타입으로 표현한다.

헤드 타입스 Head Types	대표 견종	참고
드라이 헤드 Dry Head 클린 헤드 Clean Head	그레이하운드 Greyhound	그림 347
밸런스트 헤드 Balanced Head	고르든 세터 Gordon Setter	그림 348
블라키 헤드 Blocky Head	보스턴 테리어 Boston Terrier	그림 349
애플 헤드 Apple Head	치와와 Chihuahua	그림 350
콘 쉐입트 헤드 Cone-shaped Head	닥스훈드 Dachshund	그림 351
페어 세입트 헤드 Pear-Shaped Head	베드링턴 테리어 Bedlington Terrier	그림 352
폭시 헤드 Foxy Head	피머레이니언 Pomeranian	그림 353

🏠 돔 헤드 Dome Head

돔 모양 머리.

사과 모양 머리 참조.

🏠 드라이 헤드 Dry Head

매끈한 머리.

머리의 피부에 대한 용어로 입술을 포함하여 두개골에 피부가 튼튼해 늘어짐과 주름이 없는 것을 말한다. 배싯 하운드 Basset Hound에서 매끈한 머리는 결점이 된다.

🐶 **견종예시:** 그레이하운드 Greyhound, 노르위전 엘크하운드 Norwegian Elkhound, 도베르먼 핀셔르 Doberman Pinscher

🐾 **견종표준**

<u>Basset Hound</u> :

"A **dry** head and tight skin are faults."

<u>Doberman Pinscher</u> :

"Head: Long and **dry**, …"

그림 347. 드라이 헤드 Dry Head, 클린 헤드 Clean Head : 그레이하운드 Greyhound

🏠 밸런스트 헤드 Balanced Head

균형 잡힌 머리.

균형 잡힌 머리로 스탑 Stop을 경계로 머리의 앞뒤의 길이가 동일한 머리. 많은 견종에서 이상적인 머리형으로 여겨진다.

🐾 **견종예시:** 고르든 세터르 Gordon Setter, 애프갠 하운드 Afghan Hound, 잉글리시 세터르 English Setter

⚫ **견종표준**

<u>English Setter</u> :

"Length of skull from occiput to stop equal in length of muzzle."

그림 348. **밸런스트 헤드 Balanced Head : 고르든 세터르 Gordon Setter**

🏠 블라키 헤드 Blocky Head

각진 머리.

머리(두부, 스컬 Skull)에 각이 지고 다부진 머리, 일반적으로 각진 머리라고 한다.

🐾 **견종예시:** 보스턴 테리어르 Boston Terrier

🐾 **견종표준**

Boston Terrier:

"The Skull is square, ⋯."

그림 349. 블라키 헤드 Blocky Head : 보스턴 테리어 Boston Terrier

🏠 애플 헤드 Apple Head

사과 모양 머리.

머리의 전·후두부가 현저히 융기(隆起)해 있어 사과 모양처럼 둥근 형태.

치와와(Chihuahua - 스무드 코트 Smooth Coat와 롱 코트 Long Coat)는 사과 모양의 머리

뼈를 가지고 있으며 머리는 양쪽 귀 사이와 스탑에서 후두부까지도 명확히 둥근 돔 형

태를 가지고 있어야 한다. 케이스한드 Keeshond에서는 애플 헤드가 결점이다. 퍼그

Pug의 머리는 크고 둥글지만 애플 헤드는 아니다.

🐶 **견종예시:** 치와와 Chihuahua

🐾 **견종표준**

Chihuahua :

"Head: A well rounded **apple** dome"

(가) 치와와(롱 코트 Long Coat)　　　　(나) 치와와(스무드 코트 Smooth Coat)

그림 350. 애플 헤드 Apple Head : 치와와 Chihuahua

🏠 코르스 헤드 Coarse Head

과중한 머리.

무겁게 보이는 두개골로 견종표준 또는 이상적인 형태보다 다소 넓은 머리.

🏠 콘 쉐입트 헤드 Cone-shaped Head

원뿔 모양 머리.

측면과 위에서 볼 때 삼각형(쐐기형)인 머리.

　🐕 **견종예시:** 닥스훈드 Dachshund, 도베르먼 핀셔르 Doberman Pinscher

　🐾 **견종표준**

　　Dachshund :

　　"Viewed from above or from the side, the head tapers uniformly to the tip
of the nose."

(가) 닥스훈드 Dachshund

(나) 도베르먼 핀셔르 Doberman Pinscher

그림 351. 콘 쉐입트 헤드 Cone-shaped Head

🏠 클린 헤드 Clean Head

드라이 헤드 Dry Head 참조.

🏠 페어르 쉐입트 헤드 Pear-Shaped Head

서양배 모양 머리.

서양배 모양처럼 생긴 머리.

🐾 **견종예시:** 베들링턴 테리어르 Bedlington Terrier

Bedlington Terrier :

"Head: Narrow, but deep and rounded."

(가) 서양배(페어르 Pear)　　　(나) 베드링턴 테리어 Bedlington Terrier

그림 352. 페어르 세입트 헤드 Pear-Shaped Head

🏠 폭시 헤드 Foxy Head

여우 머리.

정삼각형 머리이며, 전안부(눈 앞부분을 말함)가 짧고 코끝이 뾰족해 예리한 여우의 표정을 띠는 것을 말한다.

🐕 **견종예시:** 스피퍼르키 Schipperke, 펨브룩 웰시 코르기 Pembroke Welsh Corgi, 피머레이니언 Pomeranian, 피니시 스피츠 Finnish Spitz

🐾 **견종표준**

Pembroke Welsh Corgi :

"The head should be **foxy** in shape and appearance."

Pomeranian :

"Expression - may be referred to as **fox-like**, …"

(가) 여우 Fox

(나) 피머레이니언 Pomeranian

그림 353. 폭시 헤드 Foxy Head

헤어르 렝크스 HAIR LENGTH

모장 毛長. 털 길이.

털의 길이를 말한다. 특히 장모견의 피모에 대해 "모장(또는 털)이 길다 또는 짧다"라고 표현한다.

헤어르 번들 HAIR BUNDLE

모속 毛束.

피모는 각질 형성물로 동일 털구멍에서 1개의 길고 강인한 상모와 여러 개의 하모가 자라나 속을 이루는데 이것을 모속이라고 부르며 털뭉치라고도 한다. 1개 모속당 털의 수는 라트와일러르 Rottweiler가 9~15개이면 1cm²당 닥스훈드 Dachshund는 400~600개이고 저르먼 셰퍼르드 독 German Shepherd Dog은 100~300개이다. 피모의 밀도는 견종에 따라 차이가 크다.

호 HAW

호-아이드니스 Haw-Eyedness 참조.

호-아이드니스 HAW-EYEDNESS

순막 염증.

외반증(엑트로피안 Ectropion)과 동일한 의미.

체리 아이 Cherry Eye(체리 모양 눈)라고도 한다. 아래 눈꺼풀이 늘어져서 결막 안쪽이 지나치게 많이 밖으로 노출된 상태로 일반적으로 눈의 안쪽에서 많이 발생한다. 호-아이드니스(순막 염증)는 대부분의 견종표준에서 바람직하지 않은 특징이나 일부 견종에서는 요구되는 사항이다.

🐾 **견종예시:** 블러드하운드 Bloodhound, 세인트 버르너르드 Saint Bernard

🐾 **견종표준**

Bloodhound :

" ⋯ the lower lids being dragged down"

Saint Bernard :

"Eyelids which are too deeply pendant and show conspicuously the lachrymal glands, or a very red, thick **haw**, and eyes that are too light, are objectionable."

| (가) 혼혈견 | (나) 블러드하운드 Bloodhound |

그림 354. 호 Haw, 호-아이드니스 Haw-Eyedness

힙 사킷 HIP SOCKET

애시태뷸럼 Acetabulum 참조.

힙 조인트 HIP JOINT

고관절 股關節. 엉덩관절.

비교적 깊은 구멍인 관골구와 대퇴골두 사이의 연결에 의한 구와관절(球窩關節, 볼 앤 사킷 조
인트 Ball-and-Socket Joint)이다.

참고문헌

Gilbert, E. M. Jr, Gilbert, P., Woodward, L. Sayers, D. (2013). Encyclopedia of K-9 Terminology. Direct Book Service.

Spira, H. R. (2002). Canine Terminology. Direct Book Service.

한글 색인

저자 약력

고승판

중국 청도 농업 대학교에서 수의 명예박사학위를 받았다. (사)한국애견협회와 UAKC(아시아연맹) 심사위원장을 역임하였다. 현재는 일본 KCJ 전견종 심사위원, 미국 Barkleigh 심사위원으로 활동하고 있다. 지금까지 국내 뿐만 아니라 일본, 말레이시아, 중국, 대만, 필리핀 등에서 500회 이상 도그쇼에서 심사하였다. 또한 심사, 번식, 핸들링 등을 포함한 반려견 분야 전반에서 후진 양성에 힘쓰고 있으며, 주요 저서로는 『애견번식』, 『핸들링』 등이 있다.

김원

현재 전주기전대학 애완동물관리과 교수로 재직 중이다. 〈EBS 동물일기〉 등에 출연하여 동물교감치유에 대한 자문을 하였으며, 자문 활동 이외에도 동물교감치유 분야의 발전을 위해 집필 및 기고, 교육 활동을 하고 있다. 또한 견개론, 동물교감치유, 반려견 쇼핑몰 창업, 3D 프린팅 기술을 활용한 반려견 아이템 개발 등을 포함한 반려견 분야 전반에 걸쳐 후진 양성에 힘쓰고 있다. 주요 저서는 『아동을 위한 동물매개중재 이론과 실제』, 『반려견의 이해』 등이 있다.

반려견 용어의 이해

초판발행   2020년 4월 1일

지은이   고승판·김원
펴낸이   안종만·안상준

편 집   윤현주
기획/마케팅   손준호
표지디자인   BEN STORY
제 작   우인도·고철민

펴낸곳   (주) **박영사**
             서울특별시 종로구 새문안로 3길 36, 1601
             등록 1959.3.11. 제300-1959-1호(倫)
전 화   02)733-6771
f a x   02)736-4818
e-mail   pys@pybook.co.kr
homepage   www.pybook.co.kr
ISBN   979-11-303-0947-7 93490

정 가   29,000 원